万物皆有理

你很熟悉

但未必明白的

那些事儿

云无心/著

中信出版集团·北京

图书在版编目（CIP）数据

万物皆有理：你很熟悉但未必明白的那些事儿 /
（美）云无心著 . -- 北京：中信出版社，2018.4
ISBN 978-7-5086-8442-0

I. ①万… Ⅱ. ①云… Ⅲ. ①生活－知识－普及读物
Ⅳ. ① TS976.3-49

中国版本图书馆 CIP 数据核字（2017）第 302419 号

万物皆有理——你很熟悉但未必明白的那些事儿

著　　者：云无心
出版发行：中信出版集团股份有限公司
　　　　　（北京市朝阳区惠新东街甲 4 号富盛大厦 2 座　邮编　100029 ）
承 印 者：中国电影出版社印刷厂

开　　本：880mm×1230mm　1/32　　印　张：7.5　　字　数：144 千字
版　　次：2018 年 4 月第 1 版　　　　印　次：2018 年 4 月第 1 次印刷
广告经营许可证：京朝工商广字第 8087 号
书　　号：ISBN 978-7-5086-8442-0
定　　价：45.00 元

目录

第四章　比微米还小的世界，有着别样的精彩

自
序

科学，并不只在实验室

科学工作者或者科普作家在接受媒体采访时，经常会谈到自己小时候接触了某本科学图书，于是对科学产生了浓厚的兴趣。而我如果也算一位科普作家的话，并没有受过这样的启蒙。

在童年时期，我能接触到的课外书籍除了小人书，就是《故事会》之类的通俗读物。科学于我，只是宣传画里的科学家遥不可及而崇高的形象。尽管我在数学考试中经常可以取得100分，但它的"用处"也仅限于做一些我不知道为什么要做的计算题。

我上初中时，偶然得到了一本《生活中的数学》，讲几名中学生在暑假里和老师一起用数学去分析和解决生活问题的故事。现在，书中的内容我已经基本上全忘了，但那本书让我深刻地认识到：生活中的很多事情往往都遵循着数学、物理学、化学、生物学等学科的基本原理。

后来我前往美国读博士，从事表面化学与胶体方面的研究。这是一个介于宏观和微观之间的世界，在我们不经意的地方无处不在。之后我在网上写博客，写了一些用基本原理解释生活现象的文章，写作内容也逐渐集中于食品技术和营养健康领域，生活中的知识反而提及得越来越少。

不过，用基本原理解释生活现象一直是我最感兴趣的事情。陈晓卿做《舌尖上的中国2》的时候，想在其中加入一些科学元素，我们共同的朋友就向他推荐了我。在我为节目内容做科学顾问的过程中，编导们为我讲解他们拍摄的烹饪操作，我负责查阅资料、分析原理、解释现象，这个过程是我和编导们一起学习的过程。虽然最后在节目中呈现的只是一小部分，但在美食节目中大概也称得上"具有科学精神"了吧？

不懂得烹饪背后的科学原理，不影响我们做出好吃的菜；不懂得电子和通信的基本原理，不影响我们使用智能手机；不懂得土木工程和建筑的常识，也不影响在房地产行业大获成功。对大多数人来说，科学知识并不是生活的必需品。

很多人把科学视作"真理"或者"知识"，其实都不是，它们只是科学的一些"产品"而已。科学从根本上说是探索自然、认识世界的方式。对绝大多数人来说，关键不在于探索自然、认识世界，更不在于这些探索和认识的"产品"，而在于思维方式。这种思维方式或许不能帮你赚更多的钱，也不能帮你在尔虞我诈中避免上当受骗，它的价值在于让你对周围的世界看得更加清楚，毕竟觅食与生存早已不需要人类花费太多的精力，洞悉周围的世界也能让人产生愉悦感。

第一章

生活中的数学与逻辑

吃了致癌食物，你就会得癌症吗

许多媒体和专家喜欢说"致癌食物""抗癌食物"，电视上的"养生专家"也经常说"我的养生法能让你百病不生"之类的话，其"秘方"更是受到热捧。跟这些从哲学与文化中"总结""开发"出来的"经验"相比，现代科学的结论就令人沮丧得多了。世界卫生组织和联合国粮食及农业组织的联合专家组发布的报告指出：癌症的诱因中，膳食因素占到20%~30%的比例。美国癌症协会的文献总结则认为：健康的饮食、适当的运动加上合理的体重，能够让癌症的发生率降低1/3。

如果你相信"养生专家"画的大饼，那么得到的是一种"不患癌症"的"美好信念"。如果你相信现代科学，那么可以知道哪些饮食习惯和生活方式可以提高或者降低患癌的概率，而它们能否有益于你，取决于你愿意改变多少。

有个笑话说，"专家"告诉咨询者："如果你能够……就可以长命百岁。"而咨询者说："如果我坚持……长命百岁又有什么意思呢？"如果所有"可能致癌"的东西都不吃的话，能吃的东西就没剩下多少了——矿泉水中都可能含有自然环境中的致癌物和微生物产生的毒素。

世界各国的科学家们耗费了无数纳税人和商业投资者的钱，面对癌症还是只能说"导致它出现的因素太多了"——基因、环境、饮食习惯、生活方式……就像有的人随性而为也能长命百岁，而有的人保持健康的生活方式却英年早逝。科学家们可以估算或者统计出某种癌症的发生率，但对个人来说，"癌症风险有多大"是不可预测的。

因此，我们能做的就是尽量搞清楚各个因素对癌症风险的影响有多大，个人根据改变它需要付出的代价来决定是否改变。

在说具体因素对癌症风险的影响之前，我们有必要了解一下"风险"的意思，"增加风险"并不是说你就会患上癌症，而是患癌的"可能性更大了"。比如，儿童时期常吃咸鱼，能让成年之后患鼻咽癌的风险增加十几倍。用具体的数字来说，在一个 100 万人口的城市里，如果所有人都不吃咸鱼，那么可能约 10 个人患鼻咽癌；如果所有人小时候都经常吃咸鱼，那么最后会有 100 多人患鼻咽癌。这就像买彩票，吃咸鱼让中奖名额增加了，但大多数人还是不会中奖，因为本来中奖的可能性就很小，增加十几倍之后可能性还是小。

换一个例子，人群中肺癌的发生率在 1% 左右，每天抽十几支烟将导致患肺癌的风险增加十几倍。重复上面的分析，

100万人都不抽烟的话，肺癌患者有1万多人；100万人都抽烟的话，肺癌患者就会增加到十几万人——"中招"的机会就非常大了。

这两个例子说明："致癌风险"的影响取决于增加的风险和本身的发病率。发病率越高的病，风险的增加产生的影响越大。

在明确的科学数据之下，我们可以自己决定要"享受人生"还是"减小风险"。比如吃咸鱼，100万人中有10个左右的人吃不吃咸鱼都会患鼻咽癌，约99.99万的人吃不吃咸鱼都不会患鼻咽癌，只有那90个左右的人会因吃咸鱼而"中招"。"万里挑一"的中招比例，你是选择吃还是选择不吃呢？而在抽烟的例子里，你是相信自己会受到上天眷顾（属于即便抽烟也不会"中招"的几十万人），还是选择"人定胜天"（通过不抽烟避免成为那"运气不好"的十几万人中的一个）呢？

如果说吃咸鱼和抽烟这两个相当极端的情况还较易选择的话，那么还有很多情况真是让人难以抉择。比如吃肉，目前的科学证据一般认为吃红肉（猪肉、牛肉和羊肉等），尤其是加工过的肉（腊肉、腌肉、火腿肠、香肠等），会让跟消化道有关的癌症风险增加百分之二三十。一方面，如果按照1%的癌症发生率来算（实际应该比1%要低），100万人中因为吃肉患癌的会有两三千人。这个影响比起吃咸鱼要大得多，跟抽烟相比则又小得多。另一方面，吃肉对人来说又相当重要，不仅解馋，而且能摄取蛋白质等多种营养。相对来说，在正常的食用量下，防腐剂和烧烤的影响还不如每天吃肉大。

如果我们面对科学的现实，"有多大可能患癌症"其实并不掌握在我们手中。我们能做的是根据"风险—利益"的平衡，尽可能地把握自己能够掌控的那一部分，比如，吃健康的食品（多吃蔬菜、水果）、保持合理的体重、适度地运动。如果能像美国癌症协会总结的那样降低 1/3 的癌症发生率，也算是一个很不错的结果了。

当然，更重要的是远离香烟，不抽烟所减少的"致癌风险"比你吃任何"抗癌食物"所能达到的都要多。

检查结果是阳性，也先不要恐慌

在大地震造成的惨状面前，善良的人们总是希望（或者相信）"如果我们提前知道，就……"关于地震的预测在全世界都是一个极具争议的话题。目前，世界上绝大多数国家的科学工作者已经达成共识：对于地震，无法实现有决策意义的预测。因此，很多国家努力的目标从预测转向了地震高发区的建筑防震，以及地震发生时的应急预案。只有我国等少数几个国家的一些机构仍在研究地震预测，许多人坚信：地震来临之前出现的人类不能感知到的某些信号，许多动物能够感知到。动物尚且能感知地震的到来，为什么人类就不能通过这些信号预测地震呢？

且不说这种"信念"是否正确，即使是正确的，又能如何？

假如有这样一种病

假如有这样一种病，发病率不高，假设为 0.1% 吧，一旦发生就无药可救，但若提前知道，可通过一些手段进行防治，比如，从此不吃肉，或者天天吃二两黄连，再或者切掉一条腿……在医学上有一种检查方法，可以进行早期诊断。当然，像别的检查方法一样，它总有一定的差错率。这个方法能够做到的是：如果你患有此病，那么检查结果 99% 会呈阳性；如果你没患病，那么也有 1% 的可能检查结果会呈阳性（称为假阳性）。当然，你可以责怪医学研究人员为什么不能让那 99% 变成 100%，让那 1% 变成 0%。但是，就目前的医学水平而言，这样的检查能力已经很不错了。

现在，你检查后的结果呈阳性，你会怎么做？从此不吃肉？天天吃黄连？切掉一条腿？

换句话说，用 99% 能够准确检查出疾病的方法得到的阳性结果，你多大程度上会接受"患病"的判断？我们用一种具体直观的方式来分析吧。

对 100 万人进行这种疾病的普查，发病率为 0.1%，约 1 000 人患病。由于有 1% 的差错率，在 1 000 个患者当中，有 990 个人的检查结果呈阳性，而在 99.9 万个健康的人中，会有 9 990 个人的检查结果呈阳性（假阳性）。虽然这次普查共得到 10 980 个阳性结果，但其中只有 990 个是真正患病的，仅仅占 9%！虽然检查结果呈阳性，但是你没患病的可能性还有 91%。你会选择不吃肉，每天吃黄连，或者切掉一条腿吗？

为什么一个患病时的检出率已经相当高（99%）的检查方法检查出阳性结果，但其实还有 91% 的可能没病呢？仔细看看上面的分析，不难发现：由于发病率很低，真阳性的数量远远少于假阳性的数量。结果，患病固然基本上显示为阳性，但阳性结果中只有很小的概率是真的患病。

数字游戏

现在，让我们来玩玩数字游戏，把上面的几个数字改变一下，重新计算，看看结果会发生什么变化。

（1）保持发病率（0.1%）和没患病时错检成阳性的概率（1%）不变，把患病时的检出率提高到 100%，那么阳性结果中患病的概率是 9.1%；把患病时的检出率降低到 90%，这个概率变为 8.3%；把患病时的检出率降低到 50%，这个概率则变为 4.8%。也就是说，当检查结果呈阳性时，患病时检出率的高低对患病概率的影响并不是那么关键。

（2）保持患病时的检出率（99%）和没患病时错检成阳性的概率（1%）不变，把发病率提高到 1%，那么阳性结果中患病的概率就变成了 50%；把发病率降低到 0.01%，则即使检查结果为阳性，患病的概率也不到 1%。

（3）保持患病时的检出率（99%）和发病率（0.1%）不变，把错检成阳性的概率降低到 0.1%，会发现阳性结果中患病的概率变成了 49.8%；如果把没患病时错检成阳性的概率提高到 5%，则这个概率只有 1.9%。

这看起来很荒谬，却是事实。这是概率论与数理统计里的一个经典例子，它告诉我们：面对阳性结果，是否患病并不完全由患病时能否被检查到决定。"真实的发病率"和"没患病时错检成阳性的概率"之间的相对大小更为重要。

这个例子并不仅仅是数字游戏，现实中这样的例子并不少见。比如，新生儿听力障碍的发生率在 0.1%~0.3%，如果婴儿听力确实有问题，筛查结果呈阳性的概率接近 100%，但是即便听力没有问题，筛查结果呈阳性的概率仍很高，有的医院能到 10% 以上。婴儿进行一次听力测试后结果呈阳性，往往把父母吓得不轻，不过医生和护士会说没有关系，一次检查结果呈阳性并不能说明婴儿听力有问题，过段时间再复查，通常要三四次复查结果都呈阳性才能确诊该婴儿有先天性听力障碍。

地震就是一场大病

现在，我们来看看地震预测中的几个参数。尽管有大量文章从科学研究的现有结果指出地震与动物异象关系不大，但依然有很多人执意相信两者存在联系。好吧，我们就假设这种联系存在，即如果地震要发生，蟾蜍一定会搬家，猪一定会出圈，狗一定会叫个没完……假设地震来临之前动物异象的发生率为 100%。

有意义的地震预测总得告诉人们在一个不大的区域、不长的时间内，有相当大的可能性发生地震，否则，只是说中国西南部在两年内会发生一场地震，几乎毫无意义。我们通过统计一个区域过去的地震频率，估算该区域在一定时间内再次发生地震的概率。比如，某地在过去 500 年内发生了 5 次地震，那么在未来任何一个月内发生地震的概率可估算为 1/1 200。我们再来统计动物异象在这 500 年内发生的次数，除去"预报"了地震那几次，剩下的就是"没患病却被错检成阳性"的次数。这个数字大概无法统计，因为没有发生地震的话，人们会忽略这种异象。不过，现在的资讯发达，过去几年全国报道过的"蟾蜍搬家"不下 10 起，即使把绵竹的那一起勉强算作"阳性结果"，"没有地震却有动物异象的概率"应该还是远远大于地震发生率。保守估计算 10 倍吧，那么"没患病却被错检成阳性"的可能性就是 1/120。把这 3 个数字代入上面的分析，结果是：即使地震来临前蟾蜍一定会搬家，那么有蟾蜍搬家时，会发生地震的概率也只有 9.1%。

应该指出的是，这个 9.1% 只是基于假设的一些数字得出的结果。这些数字的假设全都偏向"有利于预测"的方面，实际的预测成功率应该更低。比如，简单想想：

（1）地震前是否必然会出现作为指标的动物异象？这里假设一定会，但是看看过去发生的地震，并非如此，而且每次的动物异象还不一样。

（2）动物异象发生率与地震发生率的比值为多少？这里假设为 10。看看过去几年报道过的动物异象次数和地震发生次数，这个比值应该低于实际值。如果只有 30% 的地震发生前会出现动物异象，而动物异象发生率是地震发生率的 30 倍，重新算一算，会发现：出现动物异象时，地震发生的概率不到 1%！

或许又有人会说，谁让你只看蟾蜍的，多看些其他动物，"没有地震却有动物异象的概率"不就小了吗？这话理论上没错，但是如果这样，"有地震也有动物异象的概率"也减小了。比如，同时观察到3种动物异象才认为将发生地震，那么过去发生的地震有多少符合这个标准呢？按照这样的标准，地震还是不能被预测到。

通过动物异象预测地震，一个更重要的问题还在于，在地震发生之前无法做任何决策。比如，许多人津津乐道，在"5·12"汶川地震之前，深圳某动物园里所有的动物都出现了异常行为。且不说这个报道的可靠性，就算这些动物的异常行为"预测"了汶川地震，那么在地震发生之前我们能够据此采取什么预防措施呢？我们如何知道地震会发生在汶川？为什么地震不是发生在离深圳更近的广东其他地方和福建、湖南等地，而是发生在遥远的四川？难道我们要让以深圳为中心，远到汶川的距离范围内的所有地方的学校停课、工厂停工，让人们天天睡在建筑物之外的空地上，甚至撤离住地，如果撤离，又撤离到哪里，撤离多久呢？

现在，发达的新媒体和自媒体使得每个人都可以报道动物异象。不难想象，我们从媒体上能够看到很多这一类异象。如果相信它们也预示着地震或者其他某种灾难，你能做出什么决策？

蟾蜍搬家，是想告诉我们什么吗

每一次自然灾害之后，总有人指出早有异象。"5·12"汶川地震之后，许多人也津津乐道于绵竹那群搬家的蟾蜍。毋庸讳言，地震专家们基于现代科学没有给出任何"预测"，于是质疑声四起，更有甚者发出了"养科学家不如养蟾蜍"的"高论"。那么那群搬家的蟾蜍能够告诉我们什么呢？

动物预感自然灾害的发生，古今中外都有着许多记载，但迄今为止，所有的传说与记载都是事后的回顾，没有一起灾祸真正因为这种"预测"减轻了损害。如果时间可以倒流，当人们看到绵竹的蟾蜍在搬家时，又能够根据这种异象做出什么决定呢？如果有人确认蟾蜍搬家预示着地震将发生，那么蟾蜍搬家的发生地绵竹应该为震中。即便允许蟾蜍的"预测"有误差，那么撤离人员的范围该有多大？方圆100千米？200千米？500千米？要圈定多大的范围，才能包括后来地震的重灾区？这个范围如何确认？如果我们能够划出一个蟾蜍的"预测"范围，那么撤离多久？实际的地震发生在一周多以后，如何确定这个等待的时长？是否不发生地震就一直不回去？如果这样，近年来其他地区也有过蟾蜍搬家的报道，我们是否也要做同等范围、相同时长的撤离？如果出现别的动物异象呢？不难想象，大概大多数时间里全国人民都在忙着"撤离可能的灾区"了。

科学家们没能对地震做出预测，或者说，当今的科学对地震预测还无能为力，并不意味着我们就应该把希望寄托在这些"事后诸葛"式的"神秘现象"上。现代医学治不好的病，求助于跳大神也顶多只能获得心理安慰。那么，对于那些灾前的动物异象，该如何看待呢？

一方面，是巧合。简单来说，两件不相干的事情同时发生了，人们习惯把它们联系起来当作神迹。人们倾向于忽视统计而重视神迹。两件不相干的概率很小的事情，比如其分别发生的概率是百分之一和千分之一，同时发生的概率就是十万分之一。十万分之一虽然小，但世界之大，无奇不有，总还是可能发生（想想买彩票中头等奖的概率是多少）。一旦发生了，人们就倾向于认为二者有因果关系，因而神迹，诸如动物预感灾祸就产生了。个案是不能用来证明结论的，不过我还是想写一段亲身经历，相信不少人也有类似的经历。

在我上小学的时候，有个同学的哥哥淹死了。他妈妈非常后悔地说，那天她上山的时候，经过某户人家，那家的狗冲她叫了好久，上山后又听见几只鸟在树上叫，可她就是没想到这是在提醒她家里要出事，如果她回去看着孩子就好了。过了两天，我上山路上经过某户人家，那家的狗也冲我叫了很久，我想起那个阿姨的话，心里很不舒服,但还是上山去了。到了山上,也有鸟在树上叫,恼火之下我捡起石块去砸那些鸟,可是过一会儿又有别的鸟来,我心里越发紧张,于是匆匆割了些草就回家了。回家后发现什么事情都没有,这才如释重负。后来我才发现,不管是谁,任何时候经过那户人家,那狗都有可能狂叫不止,在山上碰到鸟叫也是再平常不过的事情。又经过了几十上百次狗叫加鸟叫,家里都平安无事,我心里的阴影才逐渐消失。

另一方面,在某些自然灾害(比如地震、海啸)发生之前,有一些被当作"动物预感灾祸"证据的反常行为被多次观察到并记录下来,用"巧合"来解释也不合理,但这也并不是神迹,应该用类似医学上的"早期诊断"来解释。首先,自然界的任何变化,尤其是我们说的自然灾害的那些变化,不可能是孤立发生的,其发生必然伴随着出现别的变化。有的变化是引发灾祸的,发生在灾祸之前;有的变化是灾祸的结果,发生在灾祸之后,或者与灾祸同时发生。比如地震,必然由地层深处的变化引发,在引发的过程中,地层内部的温度、压强、声音等也会发生变化。其次,自然界的变化并不是突然发生的。它必然要经历一个变化由小到大的过程,只有当变化超过一定的阈值时,人类才能感觉到。最后,对于某种变化的感知,人类不一定是最灵敏的。很多变化产生的信号在人类无法感知的时候，动物已经可以感知了。如果动物的本能使它们对这些信号做出一定的反应，人们就会说它们预知了灾祸。

这么说太过枯燥，还是打个比方吧。一个人在公园里睡觉，我走近他，捡起几个苹果向他砸去。（为什么要砸他？不用理由吧，或许就想砸他，或许想请他吃苹果，或许想提醒他一下万有引力定律。）对他来说，被苹果砸这件事是突如其来的、不可预知的灾祸（任何人在睡觉的时候被砸醒都会不爽）。但是，在他被砸之前，其实发生了其他几件事情：我走近、弯腰、捡苹果、扔苹果，苹果飞向他。这些事情都跟他被砸有关，但他没有观察到，因此他觉得被砸是飞来横祸。假设他带了条狗，狗在他被砸之前狂吠了几声，跑了，他事后可以说，狗曾经预感到了灾祸，还提醒过他。

现在，让我们从不同的角度想想狗为什么会叫几声跑掉。

第一种可能，狗根本不知道我走近，只是被蚊子叮了一下，或者附近来了条母狗，搭讪去了，或者闻到了附近有人在做烧烤，叫几声跑去吃烧烤了……这种情况下，所谓狗预感到了灾祸，就是一种巧合。

第二种可能，狗看到了我走近，但是它比较怕生，叫了几声，跑了。这种情况下，狗的行为跟这个人被砸有一定的关系，但是这种关系很弱，因为任何人走近，哪怕是附近的人来请它吃烧烤，狗也会有同样的行为。如果灾祸（被苹果砸）没有发生，这种行为就会被人们忽略掉，而如果灾祸发生了，人们就会认为是狗预感到了灾祸。

第三种可能，我把苹果扔出，狗根据苹果的飞行轨迹"计算"出苹果是飞向主人和它的，于是叫了，然后跑了。这种情况下狗叫并逃跑与被砸有直接关系，称为预测也不为过。但是这种预测跟神秘的预感无关，只是在人感知到变化之前，狗感知到了，并且做出了它的本能反应而已。

第四种可能，狗感知到的信号介于"我走近"和"苹果飞出"之间。这种情况下，预感的实质也介于第二种可能和第三种可能之间。

不能说狗叫与被砸一定没有关系，但是依据狗叫来预测被砸也实在不靠谱。蟾蜍搬家与地震有没有关系无法确定，但是依据蟾蜍或者其他动物来预测地震也没有什么意义。人类对于灾祸（或者更广泛一些，对于自然现象）的预测，其实质是寻找某些参数，通过检测这些参数推测自然界要发生的变化。有些参数与待预测事件的相关性很弱，比如"走近"，就没有预测意义；有些参数与待预测事件的相关性很强，比如"苹果飞出"，但是很难提早监测到，也就很难利用。科学的发展就是不停地寻找恰当的参数，并且探明这些参数与待预测事件之间的关系，随后建立预测模型。天文学的发展使得人们曾经以为是神迹的日食、月食不再神秘，人们也不用再敲锣打鼓地驱赶天狗。气象学的发展虽然没有使得预测气象变化如预测日食、月食那么准确，但至少风雨雷电等现象也不再是神迹。看云识天气也好，根据动物行为做天气预报也罢，都不如气象台的监测准确。我们不得不承认，现代科学还没有找到相关性强的指标和模型预测地震。依据动物的"预感"来做预防地震的决策，是一件劳民伤财且极不靠谱的事情。在现有的科学水平基础上要求地震学家们做出有意义的预测也是一种苛求。

破解神迹——从对香草冰激凌敏感的汽车谈起

这个标题有点儿故作高深，其实所谓的神迹，往往产生于科学思维的缺乏。按我们传统的思维方式，下面这个对香草冰激凌敏感的汽车大概也可以称为"神迹"了。

通用汽车有一个品牌叫庞蒂亚克（Pontiac），曾经收到过一个投诉，客户说他们家每天晚饭后都要吃冰激凌，惯例是全家决定了吃什么口味后他开车去商店购买，问题出在他新买的汽车上。他每次开车去买冰激凌，如果买的是香草味的，车就无法启动；如果买的是其他口味的，就没有问题。汽车公司的经理虽然很怀疑事情的真实性，但还是派了一个工程师去解决这个投诉……

"不能开着庞蒂亚克汽车去买香草冰激凌。"如果我们把这样的一个神迹写进什么修车纲目或者修车内经，若干年之后会不会成为所谓的"经验科学"？

神迹的产生有一种情况是两件毫不相关的事情接连发生了，人们会把前面一件事情当作后面一件事情的原因。比如早晨一只鸟在门口叫，听到鸟叫的人中午去买彩票中了奖，不少人会在中奖之后把鸟叫当作一种暗示。还有一种情况是两件事情并非毫无联系，人们更容易把其中一件事情当成另一件事情发生的原因。比如买香草冰激凌和汽车无法启动这两件事情，根据客户的描述，好像确实是有联系的。客户想当然地把前者当作后者的原因，这在我们的传统认识里更为普遍。

现在我们来具体分析这个案例。客户描述了一个现象：买香草冰激凌之后汽车无法启动，而买其他口味冰激凌就没有问题。科学的认识方式是判断这是偶然还是必然，换句话说，判断这个现象是否重复发生。

如果我们把聆听客户描述现象当作认识问题的第一步，那么确认这一现象真实存在是第二步。在实际案例中，工程师在晚上到了客户家里，和客户一起去买冰激凌，那天买的是香草味，买完之后，车的确无法启动；接连三个晚上，工程师都去了，第二天、第三天买的是其他口味，车正常启动；第四天买的又是香草味，车还是无法启动。不知道客户遇到过多少次同样的事情，工程师和客户一起重复了客户的描述。也就是说，这个现象是可重复的。

在许多人的思维定式里，既然现象可以重复，那么"香草冰激凌和庞蒂亚克汽车相克"这个结论就似乎成立了。真的有神迹存在吗？我们看看工程师进行的第三步：在和客户一起买冰激凌的过程中，他详细地记录下了每个细节，尽管他不知道这些细节有没有用。然后他比较这些细节，希望找出买香草冰激凌和其他口味冰激凌过程中的所有不同之处，这些不同之处可能正是汽车表现不同的原因。最后，他发现，买香草冰激凌所用的时间远比买其他口味冰激凌的短。香草冰激凌最好卖，商店把它放在离门口很近的地方，客户不用找，直接拿起来就可以去结账；而其他口味冰激凌放在离门口较远的地方，多种口味放在一起，要走过去，还要现找，所花的时间明显比买香草冰激凌的长。因此，停车时间的长短，而不是冰激凌的口味，是发生这一神迹最可能的原因。

到这里，问题并没有完全解决。为了确认这种猜测，可以进行正反两方面的对照实验。一方面，买完香草冰激凌之后逗留一会儿再去启动汽车，如果购买时间的长短是神迹产生的原因，那么这样买完香草冰激凌，汽车应该能够启动；另一方面，由另一个人拿一盒其他口味冰激凌放在香草冰激凌那里，迅速购买后，车应该不能启动。这两方面验证符合预测，就可以确定停车时间长短是神迹发生的原因。

对客户来说，故事似乎到此结束了。对工程师来说，问题还没有解决。为什么停车时间短，汽车就不能再次启动？这是他要进一步认识的问题，我们把它当作认识这个问题的第四步。他怎么找出第四步的原因，我们就不去关心了，那是一个工程问题。总之，他找到了原因：停车时间短，发动机冷却不足，发生了汽车故障里的"蒸汽锁死"现象，只要等发动机充分冷却，故障就自动排除。

到了第四步，对这个工程师来说，任务圆满完成了。但是，对汽车制造商来说，问题还没有解决。因为知道了"蒸汽锁死"是导致"汽车对香草冰激凌过敏"的原因，并无助于问题的根本解决。汽车设计工程师必须找到"蒸汽锁死"产生的根源，才能从根本上解决它。科研人员最终搞明白了：因为发动机过热，汽油在到达喷油嘴之前就气化了，所以不能以发动机需要的状态到达喷油嘴，从而导致发动机无法启动。只要发动机冷却下来，汽油能够顺利到达喷油嘴，发动机就可以正常启动。找到了这个根本原因，汽车设计工程师可以改进发动机的设计，比如用高压避免气化，要求使用适当沸点的汽油，等等。这种"蒸汽锁死"故障，或者说"对香草冰激凌敏感的汽车"，在新一代的汽车中基本上就不会出现了。

我们的生活中有太多神迹，乍看之下，真是不可理喻的神奇。当我们停留于认识问题的第一步、第二步的时候，神迹就成为神迹，就在"经验科学"中流传下去。这样的"经验科学"不一定就是错的，但是如果不对它们进行第三步、第四步、第五步，甚至更多步的深入研究，"经验"就永远是没有太多价值的神迹。只有基于科学认识的经验才是可靠的。比如上述案例里的那个工程师，并不需要用我们提到的正反两方面的实验来确认"停车时间短是故障产生的原因"，而是基于他对车的了解，凭经验就可以做出判断。

从这个案例中，我们还可以想到另一个方面的问题，我们通常极其推崇那种看一眼甚至听几句描述就可以指出问题所在的"圣人"。无须数据搜集、科学实验、逻辑推理，一切疑难问题都在他们的"掐指一算""抚须沉吟"中解决。这样的天才或许存在，但是肯定不足以解决生活中的各种问题。神迹，每个人都可能遇到，但是绝大多数人没有天才那样解决问题的能力。因此，我们需要以科学的思维方式去认识事物，而这种思维方式不需要"天才"，只要智力平常的普通人经过学习和锻炼就可以达到。

为什么庄家不怕你赢，只要你继续赌

经常有人说："概率是毫无意义的事情。如果事情发生了，概率就是100%；如果事情没有发生，概率就是0。"这样的想法是对概率完全错误的理解。为了解释概率，我们从赌场坐庄开始说起。

我们知道开赌场几乎没有赔钱的。尽管有人从赌场赢了钱，但是输钱的人更多。很多人认为是因为赌场有"赌神"，或者赌场能"出老千"。其实在正规的赌场里，赌场赢钱的原因在于对概率的应用。换句话说，概率决定了赌场是占便宜的一方。赌客越多，赌场就越不容易输。

假设有14张牌，其中有一张A，现在我来坐庄，1元赌一把。如果谁抽中了A，我赔他10元；如果谁没有抽中A，那么他那1元就输给我了。有人赌吗？

这样一个赌局，为什么说我占了便宜呢？因为在抽牌之前，谁也不知道能抽到什么，但是大家可以判断抽到A的可能性非常小，14张牌中才有1张，换句话说，抽中的概率是1/14，而抽不中的概率是13/14。概率就是这样一种对未发生的事情会不会发生的可能性的预测。如果你只玩一把，当然只有两种可能：抽中了赢10元，没抽中输1元。但是，如果你玩上几百、几千甚至更多把呢？有的抽中，有的抽不中，最后的结果是什么呢？

这就是概率上的一个概念，叫作数学期望，可以理解成某件事情大量发生之后的平均结果。现在我们继续上面的赌局，抽中的概率是 1/14，结果是赢 10 元（+10）；抽不中的概率是 13/14，结果是输 1 元（−1）。把概率与各自的结果乘起来，然后相加，得到的数学期望值是 −3/14。这就是说，如果你玩了很多很多把，平均下来，你每把会输掉 3/14 元。如果抽中 A 赢 13 元，那么数学期望值是 0，你玩了很多把之后会发现结果接近不输不赢。如果抽中 A 赢 14 元，那么数学期望值是 1/14，对你有利，玩很多次的结果是你会赢钱，而我当然不会这么设赌局。

赌场的规则设计原则就是这样，无论看起来多么诱人，赌客下注收益的数学期望值都是负值，即总是对赌场有利。因为有很多人赌，所以赌场的收支结果会很接近这个值。比如美国的轮盘赌，38 个数随机出，你押一个，押中了赔你 35 倍，没押中你的钱就输掉。其他赌局的规则可能更复杂，比如 21 点，但其背后的概率原理是一样的，即赌客的数学期望值是负数。像我们通常见到的彩票，如果所谓的返回比是 55% 的话，那么花 1 元的数学期望是赔掉 0.45 元。无论是赌场中的赌局还是彩票，幸运儿的产生必定伴随着大量"献爱心"的人。赌场和彩票生意兴隆的基础是，每个人都认为自己会是那个幸运儿。

数学期望的概念是做理性决策的基础。我们做任何一项投资、做任何一个决定，都不能只考虑最理想的结果，还要考虑理想结果出现的概率和其他结果及其出现的概率，否则如果只考虑最理想的结果，那么大家都应该从大学退学——从大学退学的最理想结果是成为世界首富，和那个叫比尔·盖茨的家伙一样。

概率问题的关键是随机性，比如扔一枚硬币，谁也无法预测它落下后是正面朝上还是反面朝上。同样，掷骰子、摇奖也是如此。有个可笑的职业叫"彩评家"，号称分析彩票号码的规律，预测下一期最可能中奖的号码。电视里的彩评节目往往是专家侃侃而谈，主持人扮兴致盎然崇拜状。经常听到的话是"这几个数字前两期出现了，下一期出现的概率不大"，这可以算作一本正经的胡说八道。按照概率理论，两件不相干的事情同时发生的概率是各自发生概率的乘积，因此两件不相干的各自概率为万分之一的事情同时发生的可能性是亿分之一。但是，如果一件事情已经发生了，那么另一件事情发生的概率还是万分之一，跟已经发生的事情无关。只要彩票的摇奖没有猫腻，中奖数字就是无法预测的。不管前几期出现了什么号码，下一期的号码仍然是随机的。出现过的数字不会"避嫌"，没出现过的数字也不受到"照顾"。不过观众仍然会觉得彩评家的"预测"是对的，因为他说不会出现的号码后来确实没有出现。其实这种彩评家每个人都可以当，你随便写几个数，说"下一期这几个数不会出现"，再找个听上去很有道理的理由，你也就成"大师"了。因为不管你写什么数字，中彩的可能性都是非常小的。

据说概率是起源于赌场的学问，但是它的价值已经远远超出了赌博应用范围。这里举一个很实用的把概率知识转化成经济效益的例子：要在人群中普查一种病，检查方式是抽血检测其中是否含有某种病毒，这种病在人群中的发病率比较低，假设为1%。对于这样一种普查，成本最高的环节是检测血液，如果能减少血液检测的数量，就能大大降低成本。我们很自然地想到抽每个人的血，然后检测，这样有多少人就验多少份血。为了讲解得更清楚，假设有1 000万人，那么直接检测的方案是测1 000万份血。现在我们换一个思路，把抽来的血两两混合，送去检测，如果检测结果呈阴性，表明两份血都没问题；如果检测结果呈阳性，表明至少有一份血有问题，就把两份都重测。这样也可以确定每个人的带病情况。这样做的总检测量是多大呢？两两混合之后，要检测500万份，然后将检测结果呈阳性的那些重测，大概是20万份（1 000万人中有10万人带病，故有20万份血需重测），总共检测520万份。实际上还有一部分检测结果呈阳性的样品是混合的两份血都带有病毒,这样实际的检测结果呈阳性的混合样品比 10 万份还要少。总之,检测总数几乎减少了一半,能省很多钱了吧?如果把 10 份血混一起再测呢?同样的分析,先要检测 100 万份,加上检测结果呈阳性的最多 10 万份混合样品重测——共 100 万份原始血样需要重测,总共最多检测 200 万份就搞定了。

在这个例子里,多少份血混在一起最划算,取决于发病率,与要检测的总人数无关。另外一个要考虑的因素是血样混合之后,病毒浓度被稀释了,还能否被检测出来。综合考虑这些因素,运用概率理论和并不复杂的优化计算,可以精确地算出把几份血样混在一起既能省下最多钱又能完成任务。

一直生到生出男孩为止,会导致男女比例失衡吗

曾经有一篇文章提到中国目前男女比例失衡的原因,说农村地区许多人非要男孩不可,生了女孩后会一直生到生出男孩为止,此举造成了男多女少的现状。

据说,人口统计表明我国的男女比例失衡已经到了值得警惕的地步。造成这一现状的原因当然很复杂,传统的“重男轻女”“传宗接代”肯定是思想根源,但是上面提到的“一直生到生出男孩为止”与此无关。

我想数学老师能够用数学语言很简洁地证明或者解释这个问题。但是，数学语言的解决方式需要数理逻辑，估计很多人不能很快理解。在这里，我们还是用生活语言来分析这个问题。

假设有 1 000 万个家庭，各生了一个孩子。正常情况下，男女各半（其实正常比例为 107∶100，不过为了方便说明问题，我们假设比例为 1∶1）。生了男孩的家庭不再生育，生了女孩的家庭生第二个孩子，那么会再有 500 万个孩子出生。显然，这 500 万个孩子中还是男女各半。然后，生了男孩的家庭不再生育，生了女孩的继续生第三个孩子，会有 250 万个孩子出生，还是男女各半。当然，可以继续下去……

现在，我们来看看各种情况下的男女比例。如果都只生一个，男孩和女孩各 500 万个，男女比例是 1∶1。如果最多生到第二个，那么男孩有 750 万个，女孩也有 750 万个，还是 1∶1。如果最多生到第三个，那么男孩有 875 万个，女孩也有 875 万个，还是 1∶1。继续下去，不管生到多少个，男女比例始终都是 1∶1。

现代科技给了人们提前预知胎儿性别的能力。重男轻女的思想让有些丧心病狂的父母在得知腹中胎儿是女孩之后流产，或者在女婴出生之后将其遗弃，导致女婴死亡率高，这才是导致男女比例失衡的原因。那种一直生到生出男孩为止的做法，本身是陋习，但并不是造成男多女少的原因。

再说几句题外话，严禁提前告知胎儿性别，在目前的社会现实下还是有必要的。美国的常规是告知，一般在怀孕 20 周左右的 B 超检查后就会告诉父母。有的父母想享受那种期待的感觉，需要提前告诉医生，医生就会特别注意不透露胎儿性别。我听一个朋友说，韩国也禁止提前告知，但是医生们会给父母描述 B 超图片，比如"你们的孩子真英俊"或者"你们的孩子像个天使"。

实验室手记之见鬼了没

事情得从培养细胞说起。在大学毕业之前，我要做几个月的细胞培养。人工培养的细胞主要有两类，一类是细菌，另一类是动物细胞。细菌类似于平民，好养，给点儿阳光就灿烂。只要能管温饱，就铆足了劲儿地长，比如泡菜和酸奶里的那些细菌。在工业生产上，培养细菌通常叫作发酵，可用来生产蛋白质、酒精、可降解塑料等产品，成本低、产量大。动物细胞比较"小资"，吃得精细，住得高档，温度高了或低了都不干，动不动就不活了。但是，动物细胞生产的东西比较值钱。就像山野菜，农民一采就是一大捆，扔在菜市场的角落卖不出好价钱，高档酒店只弄几根，放在精美的盘子里，摆出花样，就比菜市场的几大捆都值钱。同样的道理，动物细胞里合成的蛋白质量少，其氨基酸序列能摆出复杂的空间造型，提取出来注射到人体里能够治病，故而格外值钱。虽然把那段基因放到细菌里，细菌也能生产出同样的氨基酸序列，但是细菌体内没有"高级厨师"，产量又大，只好随便捆了放在角落，能否卖出去都还是个问题。

因此，很多药用蛋白不能用细菌生产，只能培养动物细胞来生产。普通的动物细胞毛病很多，非要贴在容器壁上才长，培养容器的利用率很低。而且由于先天不足，随着生长分裂次数的增加，"气数"不断降低。到最后，"气数已尽"，彻底灭亡。因此，直接培养动物细胞来生产蛋白质的难度也很大。

动物细胞家族里还有一类不务正业的，生命力强，传多少代都不死，就是令人痛恨的肿瘤细胞。要说人类对自然界的改变，转基因也就相当于镶个假牙、装个假肢，顶多换个肾。在动物细胞这儿，简直是惨无人道，生生把正常细胞和肿瘤细胞融合在一起，然后让它们生产蛋白质。融合的细胞叫杂交瘤细胞。杂交瘤细胞不仅保留了正常细胞和肿瘤细胞各自的优点，避免了它们各自的缺点，而且水性大涨，可以成天漂在水里而不用靠岸。其生存的意义就在于为人类生产蛋白质。细胞是最小的生命，不知道那些"敬畏自然，尊重生命"的人了解到他们用的特效药来自人类对生命如此的践踏，会不会拒绝使用？

　　我们那个项目基本上就是"助纣为虐"，尽量延长细胞的存活时间，让它们尽可能多地生产蛋白质，简直比最黑心的资本家还残酷。我负责控制细胞的饮食，一次不能给太多。如果一下给太多，它们胡吃海塞，就会产生大量的代谢物，如乳酸和铵，这些物质有害于细胞的生长，积累到一定的浓度，细胞就死了。当时我要做的是每隔 4 个小时取一点儿培养液，测血糖浓度，算算细胞们吃了多少，然后补给多少。由于给的东西少，细胞们只好慢慢吃，完全消化，产生的有害代谢物比较少，积累得比较慢。我的一次实验持续了一个星期，日夜不能停。那是我的实验生涯中最辛苦的一次，晚上也睡在实验室，每隔几个小时起来一次。

　　故事发生在某天晚上。那个实验室有一个里间、一个外间和一个休息间。夜深人静，里间时断时续地传来"吱吱哐哐"的声音。看着紫外灯的幽幽灯光，听着时断时续的"吱吱哐哐"，我心里总感觉很怪异。在学校待了好几年，校园里每个角落的鬼故事都耳熟能详。我们那个系馆处在偏僻幽深的东南角，那时候可以用荒凉阴森来形容。校园里大部分鬼故事都发生在那一带。其实鬼故事最吓人的地方不在于故事本身，而在于故事发生的场所。当听过故事的人看到一个个故事里的场景，心里难免会有点儿害怕。虽然坚信世上没有鬼神，但我心里还是感到异样，总怕眼前突然出现一个红衣少女或者白衣长发、怀抱孩子的少妇。在那些校园鬼故事里，这样的人物在这个地方出现了多次，最重要的是，她们都不像蒲松龄所描写的鬼那样可爱。

后来想想，我可能也不是真的怕鬼，而应该是一种"幽闭恐惧"的表现。幽闭恐惧症是一种心理疾病，通常的表现就是，在一个密闭的环境，比如电梯或者飞机机舱中，会感到极度不适，严重的可能会晕倒。幽闭恐惧症的产生通常是因为受过某种刺激。但是我觉得，跟很多的心理疾病一样，很多时候难以用"有病"或者"没病"来描述，"幽闭恐惧"应该是一种现象，有的人没有，有的人很严重，而普通人可能或多或少都有一点儿。不管是谁，被关进小黑屋，大概都会感到不适。而我独自一个人在那个冷冷清清的楼里，脑海里难免浮现出一个个"鲜活的面容"，多少就激发了一点儿"幽闭恐惧"。

第二天早上，看到校园网的电子公告牌上说前一天晚上发生了多次轻微地震。进到实验室里，终于找到了原因。一个柜子的上面有两个铁丝筐，筐里装的是玻璃瓶。由于地震，筐里的玻璃瓶不停晃荡，就发出了"吱吱哐哐"的声音。我摇动柜子，折磨了我一晚上的声音再次响起，居然感觉很亲切。

第二章

万物有理，不是为了
在考试中难为你

没有落差的水可以发电吗

2009 年，挪威国家电力公司（Statkraft）在挪威建立了世界上第一座渗透压发电站。对于可再生能源，太阳能、风能、潮汐能、地热、水电等人们已经耳熟能详，那么渗透压发电又是怎么回事？没有落差的水如何发电呢？

让我们先来看看"渗透压"是什么。

假设有两杯水，一杯淡水，一杯盐水，底部用一根管子连通起来。因为淡水中没有盐，对盐水里的盐离子来说，淡水那边是无人居住的旷野，所以纷纷跑到那边去抢滩。而对水分子来说，虽然两边都很多，但盐水中的密集程度还是要低一些（对于被盐占据的空间，水分子是视而不见的），故而倾向于从淡水一侧向盐水一侧游弋。于是，不需要任何外部压力，水分子和盐离子就进行了大规模迁徙，一直到两杯水实现"种族融合""两杯共荣"为止。

有一种东西叫作"半透膜"，类似于门卫或者关卡，能够选择性地拦截一些物质而让另一些物质通过。"半透膜"这个名字有点儿误导人，字面意思是"透过一半留下另一半"，其实不然，它是让一些种类通过而另一些种类留下。就像一道写着"男士莫入"的门，女士可以自由进出而男士就被截下了。

有一种半透膜的作用是拦住所有的盐离子，而允许水分子自由来去。如果我们把这种膜装在盐水和淡水之间，那么盐离子就无法跑到淡水一侧，而水分子依然可以从淡水一侧溜到盐水一侧。宏观上看，就仿佛有一个压力推动淡水往盐水一侧跑。这种压力就被称为"渗透压"。由于盐水一侧只进不出，淡水一侧只出不进，盐水一侧的水位逐渐升高而淡水一侧的水位逐渐降低，结果产生了水位差来抵抗渗透压的作用。当这个水位差足以完全抵消渗透压的时候，通过半透膜来来往往的水分子一样多，这时候水位差等于盐水的渗透压，也就可以用来计算盐水的渗透压。如果在盐水一侧外加一个高于其渗透压的压力，不难想象，盐水一侧的水分子就会纷纷"逃难"到淡水一侧，而盐离子逃不掉，只好心不甘情不愿地留下（见图 1）。这被称为"反渗透"，已经被大量应用于海水淡化和废水处理了。

荷兰物理化学家范特霍夫（van't Hoff）推导出了一个公式来计算任何溶液的渗透压。他的公式计算结果与实验测量结果高度一致。海水通常含有百分之三点多的盐，这个浓度的盐水的渗透压相当于 200 多米的水位差。换句话说，如果在淡水和海水之间放置半透膜，那么其间的水压相当于 200 多米的大坝！

地球上有无数河流，多数江河里的淡水最终都会流向大

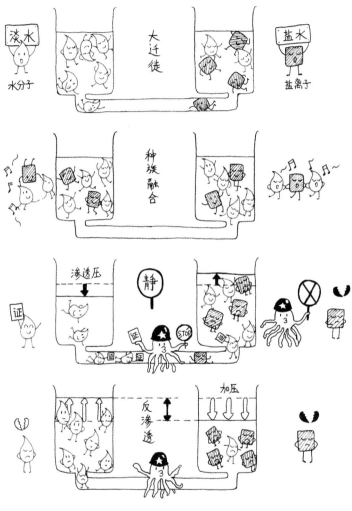

图 1 "渗透压"与"反渗透"

海。如果我们在二者交汇处装上半透膜，那么海水的渗透压蕴含的能量就可以用来发电。这样的能源清洁无污染、可再生，也不用因修大坝而被许多"环保人士"痛骂。

这就是"渗透压发电"的原理。这一原理早在 1973 年就被提出来了，但是在其后的 20 多年中一直没有大的进展。主要原因就是成本实在太高，而且实际建造中也面临一些工程技术上的困难。1997 年，挪威国家电力公司进军这一领域。经过十余年的研究，伴随着膜技术的发展，该公司认为实际建造渗透压发电站的时机已经成熟，于是在 2007 年宣布将建造一座容量为 2 000~4 000 瓦的渗透压模型发电站，预计在 2008 年年底完成，算是开始了"渗透压发电"的商业化进程。

该公司开发的渗透压发电站采取的是被称为"压力延迟渗透"的方式。简单来说，就是经过预处理的淡水进入半透膜区域，半透膜的另一侧是海水。绝大部分淡水在渗透压的作用下渗过半透膜，小部分相当于废液被排掉。淡水渗过半透膜后，水压大增，目前能够获得的压力可以达到理论值的一半，即 100 多米的水位差。这些水一部分去冲动涡轮发电，另一部分作为循环水把海水"压"进半透膜区域。在正常运行条件下，半透膜装置能够使用 7~10 年。压力延迟渗透的另一种设计是把膜装置和发电装置修到海面下 100 多米处，这样可以利用海水的自然压力来压入海水，从而大大提高整个体系的运行效率。当然，这种方式需要的修建成本将大幅增加。

实际上，挪威国家电力公司的渗透压发电站比预期晚了一年才完工。2009年11月24日，是新能源发展史上一个值得纪念的日子——人类第一座渗透压发电站竣工并运行。虽然这只是一座小型实验厂，但它证明了用渗透压发电的可行性。该公司计划在2012—2015年建造商业化规模发电站。

可惜的是，渗透压发电站的造价太高了，半透膜的价格也太高。投资这样的工厂，从经济角度来说还是不划算。2013年，该公司停止了在渗透压发电方面的投入，商业化规模发电站的计划也"胎死腹中"。或许等到新材料技术获得革命性突破，半透膜的价格大大降低的那一天，渗透压发电站的建设又会重新提上日程。

都在说绿色建筑，其实它根本不是绿色的

随着社会的发展，人们越来越关注生态环境与可持续发展，许多城市也纷纷提出了建设生态城市的规划。绿色建筑或者说生态建筑则是生态城市建设中关键的一个方面。我们经常听到或提到"生态小区"，那么它到底是什么样的，又是如何实现"生态"的呢？

绿色建筑跟绿化无关

许多人理解的绿色建筑、生态建筑，就是鸟语花香、绿树成荫的建筑环境。其实这是一种误解，真正意义上的生态建筑跟绿化基本上没有什么关系。比如，美国的生态建筑标准是一个叫作 LEED（Leadership in Energy and Environmental Design）的认证体系，中文意思是"能源和环境的领先设计"，它追求的是在建筑的整个建造和使用期限内，在发挥建筑功能的前提下，最大限度地减少能源的消耗和对环境的影响。像我们看到的许多高档小区，种植名贵花草，需要高昂的维护成本，虽然非常"绿色"，但是需要消耗大量的能源和水，反倒不符合生态建筑的理念。

LEED 认证，认证什么

绿色建筑的认证算得上是新鲜事物。1993 年，美国成立了美国绿色建筑理事会（USGBC）。很快，他们认识到需要一套标准来定义"绿色建筑"。1998 年，这样的一套认证体系出台，就是 LEED 1.0 版。经过广泛修改，LEED 2.0 版在 2000 年出台。2005 年修订的 LEED 2.2 版算是一个比较成熟的版本。在这个版本中，绿色建筑的标准被分为六大方面，分别是可持续发展的建筑位置、水的使用效率、能源与环境、材料与资源、室内空气质量和设计上的创新。

绿色建筑的认证是一种自愿行为。如果一座建筑的修建者希望获得 LEED 认证，就向绿色建筑认证协会（GBCI）登记申请。绿色建筑认证协会跟建筑设计和修建方协作，分别评估以上六大方面的 7 项基本要求和 69 个小项。7 项基本要求是必须满足的，在此基础上才可以进行 LEED 认证。69 个小项中每个小项可能得到 1 分、0 分或者 –1 分，最后把得分加总，得分为 26~32 分就可以得到"LEED 认证"，33~38 分为"LEED 银级"，39~51 分为"LEED 黄金级"，52 分及 52 分以上为"LEED 白金级"。

LEED 认证中的每个小项都伴随着一定的建筑成本，有的实现成本高，有的实现成本低。比如，在"可持续发展的建筑位置"大项中，避免修建过程中的污染是一项基本要求，必须达到才能进行其他认证。这个大项共有 14 个小项，如果位置选得合适，那么"发展密度与社区联系"和"公共交通"这两个小项就可以分别拿到 1 分，但是"公共空间最大化"就不容易拿分。在"材料与资源"大项中，收集和储存可回收利用的材料是基本要求，而其他方面有 13 个可得分小项。如果使用回收材料或者当地生产的建筑材料，就可以获得相应的分数。在"能源与环境"大项中，使用的可再生能源越多，得分就越高。例如，如果采用太阳能来满足整座建筑 2.5% 的能源需求，就可得 1 分。提高这个比例，还可以得到更多的分数。如果采用了某些优化设计，使得它的能源消耗比标准消耗低，也可以得到相应的分数。得分越高，意味着不仅要实现所有低成本的得分点，还要提高成本增加得分。因此，要达到黄金级或者白金级的 LEED 标准，增加的建筑成本就会很高。

2009 年，美国绿色建筑理事会推出了 LEED 新版本，使用范围更广，评分细化，可得到的总分也变成了 100 的基本分外加 10 个附件分值。相应地，不同等级认证所需要的分值也做了调整。不过基本理念还是一样，即在建筑的整个建造过程和使用期限内减少能源的消耗和对环境的影响。

中国的生态住宅评估

中国在 2001 年制定了《中国生态住宅技术评估手册》。这个评估标准主要是针对居民住宅的，参考 LEED 认证体系，基本目标是"促进住宅小区节约资源（节能、节材、节水、节地）及防止环境污染"。这个评估标准分为五大项：小区环境规划设计、能源与环境、室内环境质量、小区水环境、材料与资源。该标准根据中国的具体国情制定了各项的评分标准和细则。

在现代城市发展过程中，随着建筑功能的强化，非住宅建筑的能量资源消耗越来越大。生态城市的建设，商业建筑、公共建筑的生态化势必是一大方面。

生态建筑的关键

显然，生态建筑也好，绿色建筑也罢，强调的都不是把建筑修得更漂亮、更气派。它的核心是面对整个自然界的生态保护，途径是提高自然资源和能源的利用率。但是，追求方便舒适是社会发展的必然需求，生态建筑不能以牺牲建筑的功能为代价。比如，在气候炎热的地区，为了降低能源消耗而严禁使用空调是不现实、不必要的，也不是生态建设的目标。

实现建筑或者城市的生态化和绿色化，应用高科技是根本途径。如果大量使用透明玻璃，那么对自然光的利用率就会提高，从而减少照明用电。但是，用玻璃代替墙，一方面需要玻璃的强度足够大，如果玻璃易碎的话，整个建筑的安全性就无法保证；另一方面需要玻璃的隔热效果足够好，否则对空调和暖气的需求增加，又会增加能源消耗。同时，强度和隔热效果满足要求的玻璃与普通的墙体材料相比，生产成本可能会更高，消耗的资源也可能会更多。只有综合考虑这些因素，并结合建筑的整个建造过程和使用期限内的能源消耗，才能得出什么样的选择更加"生态"的结论。可以说，生态建筑的评定标准既然是领先设计，那么就会随着建筑材料和能源技术的发展不断更新。

建筑毕竟是给人用的，生态建筑作为一个概念，也必将通过人实现。生态建筑鼓励节能的交通方式，如坐公交、拼车、骑自行车等。但是，如果所有人都把驾驶豪华车当作追求的话，建筑设计中为此做的所有努力就都无法实现。节约与循环用水、分类回收废品等都是要靠使用者的生态意识来保证的。

生态建筑不是一个噱头，也不仅仅是一个口号，需要实实在在的科学技术的应用与人类生态意识的增强。只有当政府、社会和公众都对生态建筑的概念有了深入的了解，并且有意识地去追求，"可持续发展"的目标才能得以实现。

善于制造垃圾的美国人把垃圾送到了哪里

随着地球人口数量的增加和人类生活水平的提高，人类制造垃圾的能力也与日俱增。垃圾处理无疑是社会生活中极其重要的事情。我们经常听到"洋垃圾"的新闻，那么发达国家为什么要不远万里让垃圾漂洋过海，将其输送到发展中国家呢？

垃圾处理——庞大的产业

我们先从美国的生活垃圾处理说起。一般而言，美国的居民小区里都没有集中扔垃圾的地方。小区或者个人与垃圾处理公司签订合同，每月支付一笔费用，由垃圾处理公司把垃圾收走。有的小区，垃圾处理公司每周会安排一天收生活垃圾，另一天收可回收垃圾（如纸张、易拉罐、玻璃瓶、牛奶桶）。政府鼓励大家把可回收垃圾分拣出来，会发放专门的垃圾桶，而生活垃圾的垃圾桶则需要自己购买，或者按照与垃圾处理公司的合同由垃圾处理公司提供。有的小区每周收两次生活垃圾，费用也就会高一些。

生活垃圾和可回收垃圾都不包括植物，比如树叶和花草。美国有的居民小区每家都有院子，割下来的草如果不想留在草地上，收集起来的就是"花园垃圾"。如果院子里有树，秋天的落叶也是"花园垃圾"。要扔掉这些垃圾，一般需要另外交钱。

为垃圾所交的钱还不止于此。用水除了交水费，还要交污水排放费。污水排放费根据用水量来收取，通常比水费还要高一些。

除了居民区，商业或者生产建筑也都需要交纳相应的垃圾处理费。垃圾处理已经成为一个庞大的产业。北美最大的垃圾处理公司 WM（Waste Management）雇员数量近 5 万，每年的营业收入额高达 100 多亿美元，而其业务只占到整个行业的几分之一。

收来的垃圾去了哪里

以 WM 为例，垃圾车把收来的垃圾集中到一起，然后进行处理。垃圾中有用的东西，比如纸张、塑料、玻璃和金属，会被分拣出来回收利用。剩下的垃圾中可燃烧的部分会被送到垃圾焚化中心燃烧，产生的热量可以给附近的住宅或者工厂供暖。残余的垃圾会被压缩，送到垃圾掩埋处进行掩埋。政府对垃圾掩埋有具体要求，像 WM 这样的大公司在整个北美也只有不到 300 个掩埋点，所有将被掩埋的垃圾都只能在那些地点掩埋。这些垃圾被埋之后，还会产生天然气，现在的技术趋势是收集这些天然气，从而实现"垃圾—生物燃料"的转变。

"花园垃圾"则不同，它们会被集中起来进行生物转化。利用微生物把这些植物垃圾转化成有机肥料或者腐质土，再卖出去。因为许多人会在院子里种花、种草或者种菜，这样的有机肥料或者腐质土有很大的市场需求。一袋 20 磅（9 千克左右）的好土售价几美元，质量稍差的也能卖到一两美元。而一袋 10 磅（4.5 千克左右）的土豆，最便宜的也只能卖到几美元。

废旧电器比垃圾更麻烦

前面说的这些垃圾并不包括废旧电器。废旧电器，如计算机、打印机、手机、电视机和电冰箱，被称为"电子垃圾"。废旧电器中可能含有比较多的铅、汞、镉等重金属，以及有毒塑料、阻燃剂等在自然界中会慢慢释放有毒成分的物质。有资料显示，美国丢弃的电子垃圾只占垃圾总量的2%，但是其释放的有毒物质占到有毒物质总量的70%。

由于电子垃圾对环境的危害巨大，欧洲在20世纪90年代就禁止丢弃、掩埋电子垃圾。虽然美国各州的法律各不相同，但是一般都会要求回收处理。在居民与垃圾处理公司的合同中，一般不包括处理电子垃圾。也就是说，不能把废旧的电视机、电冰箱等放进垃圾桶。有的合同包括每年收走几件废旧电器，而有的则要求另外付钱，垃圾处理公司才会收走。

因此，对美国居民来说，废旧电器不仅卖不出钱来，还得付钱让人拿走。如果只是旧了，但还能使用，也可以捐给慈善机构，或者在购买新产品时交由商店处理。许多商店也把带走废旧电器当作购买新产品的优惠。

洋垃圾——经济利益的产物

对美国人来说，购买电子产品算不上大笔开销。因为一台新款液晶电视机或者笔记本电脑只需要普通人两三个星期的收入，所以美国人家中的电子产品更新很快。据统计，计算机的平均使用时间是三年。大多数电子垃圾并非因被用坏了而被丢弃，而是因过时而被新产品替代。

这种消费方式产生了大量的废旧电器，而这些废旧电器实际上还有一些使用价值。为了减少消耗、保护环境，政府立法和社会舆论都倾向于尽可能回收再利用。有的废旧电器可以被厂家收回用于生产新电器，有的则可以捐赠给贫困地区以"发挥余热"。

但是，能够得到充分利用的废旧电器只是一小部分，大部分最终还是会成为电子垃圾。实际上，这些电子垃圾中含有多种贵重的金属原料，如钴、铜、镉。制造新产品所需要的这些金属要通过开矿冶炼获得，对环境的破坏和能源的损耗也不容忽视。回收电子垃圾中的贵金属，一方面有助于减缓人类对矿产的开采速度，另一方面减少了它们被丢进自然界造成的危害。不过这种回收利用意味着必须拆卸整个电器，将其还原成原料。这样的处理并不容易，劳动强度很大。因此，对劳动力昂贵的美国社会而言，从废旧电器中回收有用成分在经济上的吸引力并不大。

于是，"输出垃圾"应运而生。许多发展中国家还处在以发展为主的阶段，对于环境保护往往是舆论上炒得厉害，但在立法和执法上比较宽松。另外，这些废旧电器稍加整修还有一定的使用价值，损坏后丢弃的成本也不高。因此，把这些电子垃圾不远万里地运到发展中国家是有利可图的事情。即使要做拆分回收，劳动力成本也低得多。有统计资料显示，前些年美国的电子垃圾有80%被运到了亚洲，中国和印度就是接收大户。

通常所说的洋垃圾，其实并不是日常的生活垃圾，而主要就是指电子垃圾。此外，还有一些旧衣服，也是出于同样的原因成了洋垃圾流入发展中国家。不能说这有多么可怕——问题并不在于"输入垃圾"本身，而在于我们的社会如何对待经济利益和可持续发展的矛盾。危害环境的不只是这些洋垃圾，我们自己产生的电子垃圾同样危害巨大。电子垃圾的输入和发达国家把高能耗、高污染、劳动密集型产业转移到发展中国家一样，是经济和政治考量的产物。

迈克尔·杰克逊"对抗重力"的秘密

迈克尔·杰克逊是在世界舞蹈史上留下浓墨重彩的一笔的

艺术家，在他的演艺生涯中，那个身体大幅前倾而不倒的造型更是为人们所津津乐道。中学物理老师告诉我们，当重心落在支撑部位之外的时候，任何物体都不能稳定放置，再看那个身体大幅前倾的造型，身体重心显然在两脚之外。那么，这个"对抗重力"的造型是如何实现的呢？

如图2所示，长斜线代表人的身体，短横线代表脚，是人的身体与地面接触的部位，人体的重心落在双脚之外。显然，在正常情况下，这种造型无法处于力学平衡状态。以脚尖为支点的话，重力产生一个顺时针的力矩，使人体向前摔倒。

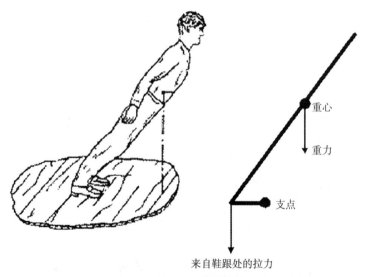

图2 "对抗重力"造型的秘密

如果在鞋跟处施加一个向下的力，那么它就会产生一个逆时针的力矩，平衡重力产生的力矩。这两个力矩平衡了，人体就会处于平衡状态而不会摔倒。这就是迈克尔·杰克逊的经典造型。

把脚绑在地上当然可以做出图 2 中的造型，但迈克尔·杰克逊是在舞蹈中做出这个动作的，把脚捆住显然没有意义。他的秘密在哪里呢？

1993 年，迈克尔·杰克逊实现这个造型的设计获得了专利。实际上，这跟武打片中飞来飞去的特技没有区别——都是道具在起作用。秘密就在他的鞋跟和舞台设计上！

那双鞋有很坚硬的鞋跟，里面是空的，朝着鞋尖的方向是开口的。鞋跟底部有一块金属板，切去了一个三角形，从而呈现一个 V 形缺口，V 形的开口也朝向脚尖。金属板之下有一层正常的鞋跟材料，使得它与地面的接触跟普通鞋一样。当然，这层材料的形状跟金属板一样，也有一个 V 形缺口。

在舞台的特定位置有一个伸出地面的螺栓，螺栓头向上。舞者把鞋伸向螺栓，因为鞋跟的 V 形开口比螺栓的直径大得多，所以很容易对准。舞者把脚往前伸，螺栓进入 V 形后部，螺栓头就被 V 形金属片卡住。这样，脚就被固定在了地面上。当身体前倾时，螺栓就施加了一个向下的拉力。只要鞋合脚，脚不从鞋中滑出，人就不会摔倒。

身体前倾，停留了足够长的时间后，舞者只要恢复正常站立，然后把脚往后移动，螺栓退到 V 形的开口一侧，舞者便可轻易地脱离螺栓，继续下面的舞蹈动作。

实际上身体大幅前倾的这个造型不是迈克尔·杰克逊首创的。第一个做这个动作的人使用的是吊绳，就像李宁在北京奥运会开幕式上完成的飞行动作那样。不过吊绳对舞蹈来说显然难度比较大，迈克尔·杰克逊的设计则很巧妙地利用鞋和舞台，使得固定脚的操作基本上不影响其他舞蹈动作的展现。

最后强调一下，即使知道了迈克尔·杰克逊这个造型的秘密，要完成这个造型也并不容易。一方面，制作这样一双鞋的工艺要求很高。如果说把鞋紧紧地固定在脚上而不脱落还不难的话，制作符合要求的鞋跟则需要很高的工艺水平。从图 2 中可以明显看出，鞋跟与脚尖（力学分析中的支点）的距离很短，这使得对抗身体重力力矩所需要的力相当大。这个力将完全作用于鞋跟的金属片上，如果金属片和鞋的连接不够牢固，鞋跟就很可能裂开。另一方面，这个很大的力最终会通过鞋作用于踝关节，同时作为支点的脚尖要承受这个拉力和身体重力之和，对普通人来说也很难做到。从在物理原理上能够实现到具体的人能够真正实现，这个过程还需要艰苦的训练。

那个著名的斜塔实验，伽利略是不是错了

很多人都知道伽利略做比萨斜塔实验的故事：长久以来，人们相信重的物体比轻的物体先落地。伽利略从比萨斜塔上同时扔下两个重量不同的铁球，它们同时落地，从而证明了物体下落的速度与它的重量无关。

关于这个实验有许多传说。有人说这个实验并不存在，只是一个理想实验，用逻辑推理进行的。还有人说这个实验的结果其实不是两个铁球同时落地，而是大球早一点点落地，只是因为差别很小，人们相信是由实验误差导致的。

无论如何，斜塔实验在科学史上都意义重大：它用科学实验和科学推理推翻了人们相信了几千年的东西。

可是，如果我们根据这个实验得出"物体下落的速度与它的重量无关"的结论，有没有问题呢？

让我们来考虑以下两个实验：

（1）把两个铁球换成两个气球，但一个不充气，另一个充上气。从高处往下扔，相信大家都能给出答案：不充气的那个先落地。这里，两个球的重量是一样的，但是大小不同，小的先落地。

（2）把两个铁球换成一大一小两个塑料泡沫球。我们

也从高处往下扔，如果高度足够的话，会发现大的那个先落地。这里，两个重量不同的塑料泡沫球，重的那个先落地，结果跟伽利略推翻的"错误"认识一样。

理解这两个实验后，你或许会问：伽利略是不是错了？

在我们回答这个问题之前，来看看球下落的过程中发生了什么。一个球在空中受到向下的重力和向上的空气浮力，因为重力远远大于浮力，所以球自上往下落。在球动起来以后，贴着球表面的那层空气分子会跟着一起动，而与那层空气分子挨着的其他空气分子自然不愿意同胞被拐跑，会用力拉住那层空气分子。但是空气分子的力量有限，完全不是球的对手，不但没把同胞拉住，自己还被拐带着往前跑。它们往前跑，与它们挨着的那层空气分子又来拉……于是球周围的空气分子都不同程度地被球带着往下走。对球来说，就是表面有一个力在拖它的后腿。我们通常称这个力为"空气阻力"，更准确地说，应该叫作"表面曳力"（见图3）。

不难想象，表面曳力的大小跟球的大小和球运动的速度有关。球越大，表面积越大，表面曳力就越大（因为被带动的空气分子的数量跟球的表面积成正比）。而球速越快，对空气分子的拉力越大，同时卷入挽留行动的空气分子就越多，产生的表面曳力也就越大。另外，空气分子之间的亲密程度对表面曳

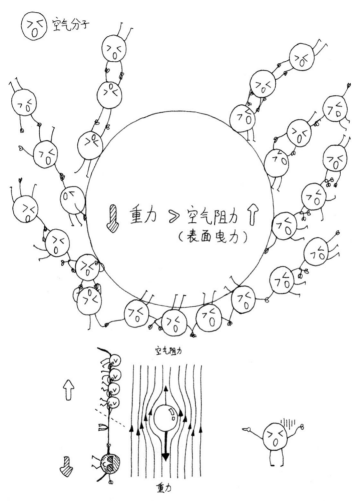

图 3　空气阻力（表面曳力）

力的影响也很大。试想一下，分子间关系不好的话，分子没那么大的热情去挽留别的分子；分子间关系好的话，分子愿意付出大力气挽留别的分子。比如，水分子之间的关系就比空气分子之间的关系好很多，在水中进行上述实验的话，结果的差别就更加明显了。这种分子间关系的紧密程度，用科学参数来形容，就是黏度。水的黏度大约是空气的 1 000 倍。

在球不动的时候，没有表面曳力，球在重力的作用下往下落。球的下落速度越来越快，受到的表面曳力就越来越大。一开始，重力占优势，在抗衡了表面曳力和空气浮力之后，还有力气让球的下落速度加快，球还是越来越快地下落。到最后，表面曳力加上空气浮力恰好和重力相等，球的运动达到了平衡，不再加速，这时候球的下落速度被称为"斯托克斯沉降速度"。因此，哪个球先落地，取决于重力、空气浮力和表面曳力的综合作用。

铁球的密度很大，对它来说，空气浮力只有重力的几千分之到万分之一，完全可以忽略。至于表面曳力，对大球和小球的影响确实不一样。但是在从塔顶落到地面的这个高度内，它都处在远远小于重力的阶段。在空气浮力和表面曳力都可以忽略的情况下，两个球的落地时间只受重力的影响，自然也就同时落地了。如果斜塔实验中大球早一点点落地的话，也不一定是实验误差造成的，可能是表面曳力的作用导致的。如果我们把这两个铁球放在某种非常黏的液体中，就会发现大球早一步沉底了。

再来看那两个气球，虽然两者所受的重力是一样的，但是充气的那个受到的表面曳力大得多，这个力很快就大到和重力抗衡的地步。因此，当没充气的球轻装前进、绝尘而去的时候，它只好在后面闲庭信步，欣赏沿途的风景。

再看那两个塑料泡沫球。相比铁球，塑料泡沫球的密度小多了，同样重量的铁球和塑料泡沫球，塑料泡沫球的体积要大得多，受到的表面曳力也就大得多，在下落的时候，表面曳力很快就可以和重力一较高下，甚至完全与之抗衡，使球的下落速度达到斯托克斯沉降速度。重力和体积的大小成正比，体积越小则重力越小，而表面曳力和表面积成正比，表面积越小，表面曳力则越小。换句话说，如果小球的直径为大球的1/2，那么它受到的重力为大球的1/8，而受到的表面曳力是大球的1/4。因为小球受到表面曳力的影响要大得多，所以它会后落地。

回到标题的问题，"伽利略是不是错了"是一个没有意义的问题。我们说科学的"真理"都是相对的，常见的误解之一就是科学上的事情没准儿，今天是对的，明天就可能是错的。实际上，我们说科学的"真理"都是相对的，说的是它的适用范围和条件，每一个科学结论都有它的适用条件。伽利略的结论对于他做的铁球实验是正确的，因为他所考虑的影响因素在那里占据主要地位，而别的因素都可以忽略。在别的情况下，当别的因素变得不可忽略时，他的结论也就不适用了。科学的发展就是人们逐渐趋近真实的过程。伽利略的实验，一个初中学生就可以理解；表面曳力的数学推导，就需要至少大学本科的知识背景；如果把这个问题考虑得更为复杂，比如下落的是液体，液体内部还可以流动，或者下降的物体可以旋转，空气中还有空气的流动，甚至下降的物体内部有动力系统，那么问题就会变得异乎寻常的复杂。伽利略是科学史上的巨人，但是他大概也不会做这么复杂的分析。科学总是在踩着前人的肩膀前进。

看，食品界这样对付混入的"不速之客"

在食物中吃出一条虫子无疑是很恶心的事情，比吃到虫子更糟糕的是吃到石子或者金属，因为如果没仔细看吃到嘴里，没准儿就把牙硌掉了。在大学校园里投诉食堂饭菜质量的记录中，从米饭中吃出石子大概是最常见的。

虫、石子、金属这类东西在食物里被称为"异物"，准确的定义是"按照产品标准不应该含有的物质"。除此之外，还有一些异物可能因带有致病细菌而威胁食品安全。即便安全不成问题，在食物里吃出异物也会影响消费者的心情，较真的消费者还会追究到底，食品厂家因此狼狈不堪。因此，如何避免异物进入食品是现代食品生产中的重要一环，也体现着企业的技术水平和管理水平。

实际上，金属类异物并不难对付。最基本的仪器是金属检测仪，它利用异物的金属特性对食品进行扫描，一旦发现有金属存在，就会报警并启动后续的配套设备去除。不过这种仪器对玻璃、橡胶、石子和塑料等非金属异物无能为力，检测这些异物，使用X射线检测仪就得心应手。只要异物的密度与食物相差较大，X射线就能够识别出来。而且X射线的穿透性好，在罐装、瓶装或者袋装的食品上应用起来也毫无难度。

可以说，只要把金属检测和X射线检测联用，各种硌牙的异物就基本上无所遁形了。

虽然金属检测仪和X射线检测仪的功能很强大，但它们对检测密度较小的非金属异物（如头发）力不从心。实际上，目前也没有什么好办法可以检测食品中的头发。那么食品行业该怎么办呢？

当然不能告诉消费者"我们也没办法，大家凑合一下吧"。食品行业祭出了解决问题的万能打法："严防死守，杜绝进入！"具体措施很烦琐，简单来说，核心就是找出每个可能混入头发的机会，制定相应的控制流程，然后严格执行。首先，严格检查原料和包装材料，杜绝原料中夹带。其次，严格要求工人做好个人卫生，比如要求每月理发，经常洗头，从而把容易掉落的头发提前去掉。进入生产区的人，包括参观者在内，都必须用内帽完全兜住头发以免头发掉落。为了避免衣服上有头发，需要事先用粘毛器处理衣服，而工人需要穿连体工作服，工作服不得带出生产区。在工作期间，工厂还会要求工人每隔一段时间就互相检查有无头发外露，如果发现，就需要到粘毛处进行处理。

在这样的控制措施之下，即便不能说"万无一失"，头发要想突破围追堵截进入食品，机会也实在渺茫。而其他的异物，如木头、塑料、纸屑，隐蔽能力和突破能力都比头发低，防范压力也就小一些。思路跟防范头发进入一样，也是弄清来源，然后全方位围堵。简单来说，这些异物的来源可以归结为五类：人（包括工人、管理人员和外来参观者）、机（包括设备、配件、维修工具等）、料（包括原料、辅料、包装物料等）、法（包括加工方法、搬运方法、标识方法、清扫方法、消毒方法等）、环（即生产区域内的整洁程度）。

当然，这五大方面的每一项又都包含很多细节内容。食品制造商会针对每项细节内容按照"最坏"的状况制定防范措施。比如，我们用笔写字，难免会有笔帽掉到地上的情况，为了避免笔帽掉进食物，厂区内禁用带有笔帽的笔。再如，工人进入生产区，不能戴任何首饰、发卡。即使为了尊重参观者，不便要求其取下戒指或者手镯，也要用胶布缠上、戴上手套，以防万一掉落。考虑到这些细节并进行防范，其他更有可能出现问题的环节就更受重视了。这或许有点儿"矫枉过正"，但此举必然能有效地防止异物的进入。

所谓"再狡猾的猎物也斗不过好猎人"，在严格规范的食品制造企业里，产品中出现异物虽然不能说"绝不可能"，但出现的可能性比买彩票中头奖还是要小得多。

当然，这要求生产企业不仅具备一定的规模，有实力安装必要的设备，而且要制定和实施严格的生产规范。有规模才可能提供实力，有了实力，再加上态度，也就可以把食物中出现异物的可能性降到微乎其微。有些食品品牌之所以能够脱颖而出，并非食品更有营养，而在于每个细节做得更好。

实验室手记之仪器别闹了

有一天，同事对我说仪器不知道出了什么毛病，测出来的界面张力跟以前不一样。那台仪器是我管理的，自从搬到新实验室，我就一直没有用。同事说它出了毛病，我就得负责把它弄好。

水和油之间的界面上存在一个界面张力。（关于界面张力，在第四章"如果太空里有一团水，会是什么形状"中将详细讲解，在这里只需要把它当作一个需要测试的数值即可。）减小这个张力是把油分散到水中的核心。因为一种蛋白质或者其他分子降低界面张力的能力体现了它的表面活性，所以我们经常要测量某种水溶液对油的界面张力。

那台仪器的原理并不复杂。微量泵将水溶液打到注射器里，在针头处形成一个小液滴。因为针头浸在油中，所以液滴的表面就是水和油的界面。水滴受到重力的作用要往下掉，而浮力和界面张力则向上"拉"住它。重力、界面张力和浮力的平衡造就了液滴的形状，而科学家们已经找到三者和液滴形状之间的函数关系。浮力和重力分别由水和油的密度决定，它们都是已知的。因此，只要拍下液滴的照片，就可以用软件计算出界面张力。

我们一般把水和油的界面张力作为参照来比较不同蛋白质的表面活性。同事发现的问题是：同样的油和同样的水，早上和中午测出来的结果不一样。

我首先想到了两种可能：一是她用的油不稳定，从早上到中午发生了变化；二是在测量不同的样品之间，注射器及连接管线没有清洗干净，影响了结果。

同事对我提出的问题表示赞同，尝试着解决。她拿了一瓶新的油，在第一天早上和中午分别测量，中午测出的数值明显比早上的大。第二天早上，她又用这个瓶子里的油重新测量，跟第一天早上测出的数值相近，这说明油并没有变质。为了检验第二种可能，她按照最严格的清洗流程清洗注射器及连接管线，并且把清洗时间加倍，但是问题依然存在。

她把自己的实验停下了，等着我解决问题。因为油和水之间的界面张力没有标准值，所以无法确定我们测出的数值是否准确。于是，我就改成直接测纯水和空气之间的界面张力，在常温下应该是 72mN/m[①] 左右。让我感到郁闷的是，不管是在早上还是中午，测出的数值都约等于 72mN/m。也就是说，这个问题只在测油和水之间界面张力的时候存在。

万般无奈之下，我只好打电话给仪器公司寻求技术服务。那是一位做兼职的大学教授，他听了我的描述，难以相信，认为肯定是油不稳定。于是，我把那瓶油快递给他，由他在自己的实验室测。过了几天，他告诉我，他的学生反复测过了，不管在什么时候测，数值都很接近我们早上测出的数值。

看起来，一定是我们的这台仪器太调皮。

由于仪器还在保修期内，我就请他过来看看。他说他完全没有思路，来了也是浪费时间，还是先做一些诊断再说。我把测量的原始数据文件发给他，他也看不出什么问题。然后他说

----

①　mN/m 为毫牛顿 / 米。——编者注

想看看液滴的照片。这台仪器的软件并不存储照片，而是直接转化成数字保存。我用计算机的截屏功能"拍"了很多液滴的照片发给他。他说，看起来中午的照片要亮一些。

我仔细看，确实是中午的照片稍微亮一些。难道这就是原因？那么为什么中午的照片要亮一些呢？

我能想到的就是，可能仪器上的灯使用时间太长，不稳定，出于某种我不知道的原因，在开了几个小时之后会变得更亮。于是，我提议换个灯试试，但他说那个灯使用寿命很长，只要不弄坏，应该可以用终生的，也从来没有听说过不稳定。我想：我们现在遇到的情况你不也没有遇到过吗？不过出于对专业人士的尊重，我还是决定做个实验看看。

第一天测完之后，我把灯一直开到了第二天早上，再测，得到的是早上的数值。也就是说，长时间开灯并不是问题的根源！

他没有办法了，我也快绝望了。实在不行就只能把仪器送回他们公司检修。在送回去之前，我需要写一份问题描述。于是，我决定再做一遍，把问题出现的所有细节都记录下来。

一切如常。早上测出的数值是对的，等到中午，数值如期变大。那天阳光明媚，我顺手关了一下百叶窗，数值竟然立刻往下跳！

我又打开百叶窗，数值又恢复。看来，问题的根源是百叶窗！

我立刻打电话给那位教授。他大叫一声，说：我忘了你跟我提过你们搬实验室的事！这台仪器的核心就是照相机，照在液滴上的光主要来自光源灯，但是那部分的密闭做得不太好，周围环境中的光线还是会产生一定的影响。

一切都水落石出了：因为我们总是在早上校正仪器，所以早上测出的数值总是正确的；到了中午，窗外的光线很强，跟早上校正仪器的时候不同，测出的数值就不准了。以前的那个实验室在楼的中间位置，根本就没有窗，全靠灯光照明，也就不会出现这种情况。而测水和空气界面压力的时候，这两种物质相差太大，边界明显，那点光线的差别几乎影响不到拍到的液体形状，因此早上、中午测出的结果都是对的。

教授说：这台仪器需要安装在光线恒定的房间，否则就得每测量一次就校正一次。新的实验室分配已经确定，我也无法找到一个光线恒定的地方。每次测量之前都校正，显然非常麻烦。最后，我想到了一个解决办法：测量的时候，用毛巾把整个光源和相机部分盖住。同事试了试，说：虽然看起来有点儿怪异，但是问题的确解决了。

实验室手记之师妹的大作业

师妹毕业前选了一门课，叫作"核磁共振应用"，教授要求每个学生结合自己的研究完成一个小的研究题目，需要跟自己的导师商量选择题目，不能为完成作业而做，而要将学到的技术服务于研究。我的导师是个很认真的人，我当时的研究正好在用这个技术，他就让我帮师妹选一个题目。

师妹当时临近毕业，我估计她也没多少时间专注于此，就做个容易出结果的吧。反正一个作业而已，也不用做出什么新的发现。当时我们正在做一些蛋白质的功能研究，之前已经有人用核磁共振研究过蛋白质的变性，结论是蛋白质的变性会导致弛豫时间变化。弛豫时间的物理意义说起来比较复杂，对于这个故事也不重要，这里也就不详细讲解了。简单来说，弛豫时间就是用核磁共振技术检测出来的被测样品的一个性质。作为一门课的作业，考察一下加热温度和加热时间对蛋白质变性程度的影响也就够了。

师妹找到了那篇原始论文。论文作者做了这样一些实验：测量不同浓度蛋白质溶液的弛豫时间，然后把这些溶液高温加热一定时间，再测，弛豫时间都下降了。因为别的研究已经表明经过高温加热的蛋白质结构发生了变化（所谓的变性），所以结论是这种变性导致了弛豫时间的缩短。这篇文章已经发表好些年，大家也一直引用这个结论。

师妹测量了很多数据，在实验室开例会的时候给大家看。奇怪的是，有些样品的弛豫时间缩短了，有些样品的却没有。

加热这些样品的温度和时间是一样的，也就是说，变性程度应该是一样的。难道那篇论文的结论有问题？导师说，我们不能这么下结论，首先我们要重复那篇论文中的实验，其次我们要重复自己的实验，看看重复结果再说。

第二周，师妹又拿了一堆数据，重复那篇论文的样品证实了那篇论文的数据，那些弛豫时间没有缩短的样品也得到了重复。导师说，现在我们可以看到，那篇论文的样品中蛋白质浓度都比较高，而我们测量的那些弛豫时间没有缩短的样品都是低浓度的。也就是说，弛豫时间的长短可能与蛋白质浓度有关。原论文中没有提到这一点，意味着那个结论至少是不完善的。根据目前的数据，我们该如何解释这个现象？如何证实或者证伪我们的解释？

于是，这次例会基本上都在讨论这个问题，尽管这个问题只是师妹的一个作业而已。最后，大家形成了三种可能的假设及验证方法：

（1）蛋白质浓度低的时候，弛豫时间信号很弱，被背景淹没了，检测到的不是真实的弛豫时间，而只是随机的无关信号。要证实或者排除这个假设，只需要测量纯水的弛豫时间。

（2）蛋白质的变性受分子间作用力的影响，蛋白质浓度低时没有发生变性。为了验证这种假设，可以用其他仪器检测蛋白质是否发生了变性。

（3）弛豫时间的变化不是由蛋白质变性造成的，而是由其他原因引起的，但是这种变化在低浓度下不发生，只有在高浓度下才会发生。验证这种假设比较复杂，第一步可以把高浓度下变性的蛋白质稀释到低浓度，看看弛豫时间是否发生变化。

又过了两周，师妹说前两种可能都被排除了。而把高浓度下变性的蛋白质稀释到低浓度后，其弛豫时间比低浓度下变性的蛋白质短。这说明第三种可能是正确的。作为一个作业，这已经做得太多了。导师说，这是一个很有意思的结果，我们应该进一步研究，搞清楚蛋白质加热过程中弛豫时间缩短的机理是什么。但是那门课要结束了，师妹也没有时间去做更多的实验。导师就去找那门课的教授，担保师妹会得到很有趣的实验结果，并让那个教授也加入进来，共同探讨这个问题。

其实做到这里，后面的事情就比较简单了。对低浓度下加热变性的蛋白质进行浓缩，所获得的溶液弛豫时间没有缩短，证明高浓度的蛋白质溶液在变性的过程中发生了其他变化，而该变化才是弛豫时间缩短的原因。我想起以前做过的渗透压试验，这种蛋白质在一定浓度之上加热时会发生聚合，或许聚合才是弛豫时间缩短的原因。于是师妹又用另一台仪器测量出前面用到的所有溶液中蛋白质分子的大小，如果蛋白质分子发生了聚合，测出的分子就会大一些。结果发现，弛豫时间短的那些样品分子确实更大。也就是说，弛豫时间的缩短的确是由分子聚合引起的。这个结论得到了那门课的教授在理论层面的解释。

这样，师妹的一个大作业做到了毕业之后才做完。不管是她自己，还是导师和那门课的教授，所投入的时间都远远超出了预期。这一研究推翻了前人得出并且人们接受已久的结论。这个结果本身或许对生产生活并没有什么实际意义，甚至不能说它就一定是正确的，只能说它最恰当地解释了目前人们观察到的现象，因此在科学发展领域具有一定的意义。最后，师妹发表了一篇不错的论文。

自从懂得了敲西瓜的原理，我就再也不敲了

买西瓜时敲击、拍打西瓜是中国消费者的习惯。据说，由于敲西瓜的人太多，意大利一家超市甚至立了个牌子："尊敬的顾客，请您不要再敲西瓜了，它们是真的不会回应的！"虽然没有针对中国顾客，也不是用的中文，但一些中国同胞还是

感觉受到了"歧视"：传承多年的民间智慧岂是你们这些外国人能够理解的？

其实，多数人敲西瓜只是因为别人都在敲，觉得如果自己不敲的话就显得很业余，所以也要敲一下、听一下，煞有介事地比较一下再买。

敲西瓜堪称中国人买西瓜的仪式。

不过，敲西瓜发出的声音的确跟西瓜的生熟程度相关。

这是因为敲一个物体时会产生一系列振动。一系列振动经过被敲物体的传递，频率和幅度会发生改变，也就会产生不同的声波。而发生什么样的改变，是由被敲物体的材质决定的。因此，比较发出的波和经过被敲物体传递的声波，可以推算出被敲物体的材质参数。

在工业领域，可以利用这一现象设计出超声波流变仪，通过对比超声波透过食品前后的变化，在不破坏食品的条件下测定食品的流变学特性。比如罐头食品，可以在不开罐的条件下测定其内部的黏度等特性。因为黏度是随着加热而变化的，所以根据测出的黏度可以知道罐头中的食品是否加热充分了。再如面团，在发酵过程中会持续地变化，但不同批次面团的发酵情况可能差别很大。通过这种仪器检测面团内部的材质特性，也就可以检测其发酵程度。

在不同的成熟程度下，西瓜瓤具有不同的材质特性，因而会发出不同的声音。在理论上，敲西瓜、听声音可以判断出西瓜的生熟。

但是理论上的可行并不意味着在实际操作中具有实用性。"听声辨瓜"的前提是能够把声音的变化跟瓜瓤的品质对应起来。但对绝大多数人来说，这种对应关系都只是"可能存在，但是我不会"。比如别人告诉你听到什么样的声音就是熟瓜，听到什么样的声音就是生瓜，但声音并不是只有两三种截然不同的情况。即便是把那些"听声辨瓜"的秘诀烂熟于心，真正敲出声音来还是靠猜。更让人崩溃的是，不同的人所传授的敲瓜经验不尽相同。

自从我明白了超声波流变仪的原理，买西瓜的时候也就不再装模作样地敲了，反正听出了不同的声音也不知道哪种好、哪种不好，也就不去费那劲儿了。至于如何挑西瓜，我的选择就是挑模样周正、个大新鲜的。

第三章

你的美好生活，是从化学和生物开始的

闻香治病靠谱吗

大学毕业前，每个同学都要到实验室参与一个研究课题，做半年的实验。有位女同学参与的实验需要每天煮植物（好像是苍耳子），把挥发出的蒸汽冷凝下来。那段时间，她经常拿着做出来的东西给其他同学闻，其中一个同学很纳闷地说："今天又闻了，一点儿也不好闻……"这个不好闻的东西就是一种后来人气极高的东西——精油。

所谓精油，是指从植物中提取的有香味的物质。这是一个很宽泛的概念，其中涵盖了很多具体的东西。比如来自柑橘皮的精油和来自玫瑰花的精油虽然都属于精油，但完全不同，就像玉米和大米虽然同属"粮食"，但它们是两种东西。每一种精油中通常含有几百种化学成分，这些成分的不同造就了不同精油的特有气味。不过它们也有一些共同特征，比如不溶于水而易溶于酒精或者油、易挥发、有一定气味等。纯的精油很难保存，通常都保存在别的液体如橄榄油中，而精油的浓度一般只有百分之几。

植物的花、叶、果皮、种子及树皮、木头都可用来提取精油。有的精油是压榨的，比如柑橘精油。不过多数是像前面说的那位女同学那样通过熬煮，让精油挥发然后冷凝得到的——这种方法被称为"蒸馏"。现在也有一些用有机溶剂提取的精油，不过由于溶剂残留可能影响气味，有人认为这种通过溶剂萃取的精油不是"真正"的精油。

精油的使用可以追溯到古埃及时期，人们用精油治病，也用精油制作木乃伊。后来精油在欧洲及世界其他地方都曾盛行。现代医学逐渐兴起，这种"传统医学"因成分不明、疗效不确定、难以经受现代医学的检验而逐渐没落。20 世纪初，一位法国化学家根据古代典籍和历史传说，把使用精油的治疗手段称为"芳香疗法"，并在 1937 年就此出版了一本书。20 世纪 80 年代之后，人们对现代医学还不能解决的问题越来越关注，很多人也因此对"辅助与替代医学"产生了兴趣，比如顺势疗法、音乐疗法、按摩疗法、冥想，以及印度、中国等地的传统医学。芳香疗法被当作一种辅助疗法，也引起了越来越多人的兴趣。

芳香疗法历史悠久，不过重新引起人们的兴趣还是在它接受现代医学的研究之后。目前，有很多这方面的研究成果发表，每隔几年就有人做综述。不过总的来说，高质量的研究还是不多。芳香疗法一般通过让精油挥发到空气中或者直接用鼻子吸入精油发挥作用。也有一些通过外用发挥作用，比如用作按摩油涂抹到皮肤上。后面的这种方式也是精油应用到化妆品中的基础。据传芳香疗法能够治疗的病很多，不过现在主要集中于与精神状态有关的疾病，以及抗菌之用。对于影响病人精神状态的研究，假设的作用机理是精油的分子与鼻腔内的受体结合，产生神经信号传递到大脑，引发大脑分泌其他物质而影响病人的精神状态。对抗菌作用的研究比较简单，在动物实验中也得到了许多"有效"的结果。对于这种历史悠久的疗法，有许多关于其神奇作用的传说，也有人去验证这些传说中的"神效"。不过在比较可靠的研究中，这两方面的作用"时灵时不灵"，而其他的"神效"基本上都不太靠谱。用学术界的常用语来说，是"这些研究还很初级"。有一篇来自澳大利亚的综述这样总结芳香疗法的效果：芳香疗法的最终效果受"医患关系"影响很大，15% 取决于精油及其用法，40% 取决于病人，30% 取决于治疗师，还有 15% 取决于"希望"或者"信心"。

或许正因如此，芳香疗法只能成为辅助疗法，帮助改善病人的主观感受，而难以真正用来治疗疾病。在美国，因为不能宣传它的任何疗效，所以也不用经过 FDA（食品药品监督管理局）的认可就可以上市。

对消费者来说，精油的一个可爱的品质是副作用很小，尤其是商品精油，都溶解在酒精或者某种油中，浓度很低，基本上未见有副作用的报道。这也是 FDA 不过问它的另一个原因。闻香能否产生愉悦感，涂抹精油能否美容，本身就是主观性比较强的感受。只要不指望它真能治病，消费者最多就是浪费金钱，危害健康的可能性也不大。

它的不可爱之处在于成分太复杂，难以对其进行质量监控。一个产品虽然可以被吹得天花乱坠，但是具有专业支持的主管部门尚且无法确定它的品质是高是低，消费者就更无从判断了。

避免"老人味"，做优雅的老人

许多老年人都有过这样的经历：见到不经常见面的孙辈，想要亲热地抱抱，小宝贝却躲开了，说是老人身上"有味儿"。虽然童言无忌，但老人们不免尴尬、烦闷：自己明明挺干净的，为什么小宝贝却不喜欢呢？

老年人身上这种"自己闻不到，别人闻起来挺明显"的味道，被称为"老人味"。日本人还专门给它起了一个名字，叫作"加龄臭"。

"老人味"是如何产生的

科学家们还没有完全弄清"老人味"的产生机理。一般认为，"老人味"是体表分泌的油脂氧化，并与体表细菌综合作用的产物。2000 年，日本学者发现 2– 壬烯醛可能是产生"老人味"的主要原因。

人体在不同年龄段体表分泌物的状况不同，抗氧化能力也不同，也就导致了老年人特有的气味。

"老人味"的盲测试验结果很意外

美国莫内尔化学感官中心做过一项试验，证实"老人味"的确存在。在试验中，男性和女性志愿者分别被分成青年、中年和老年三组，他们连续五天穿同一件没有味道的 T 恤睡觉。T 恤的腋下缝了一块吸收能力强的软垫。起床后，T 恤被封存于塑料袋内。白天，志愿者们不吃辛辣食物，避免烟酒，用没有气味的洗浴产品。五天之后，剪下软垫，装进玻璃瓶，让41 位青年男女来"闻味识年龄"，并且评价气味的强度与是否好闻。

结果，在不知道玻璃瓶中的软垫来自什么人的情况下，志愿者们能够判断出气味来源者的年龄，尤其是对于老人的气味，志愿者们比较容易识别出来，而对青年和中年气味的辨别就要难一些。这说明老人的确有特殊的"老人味"。

不过，多少有些出人意料的是，来自老人的气味虽然能够被识别出来，但志愿者并不认为老人的气味难闻。对于六组气味，是否好闻的评价结果从高到低（高代表好闻）依次是：中年女性、老年男性、青年女性、老年女性、青年男性、中年男性。

老年男性的气味竟然仅次于中年女性，比其他组都要好闻一些；老年女性虽然比中年女性和青年女性要难闻一些，但也比中年男性和青年男性好闻；最难闻的中年男性，志愿者们对其评价结果是远比其他各组难闻。根据这项研究，人们常说"臭男人"，中年男人还真是名副其实。

为什么这项研究的结果与生活经验不一致

我们通常说到"老人味"，都是指不好的气味，有些人甚至称之为"老人臭"。这项研究的结果却与之相反：老人味虽然存在，但并不那么难闻。

如果我们注意这项研究的设计，会发现，试验中，志愿者们不抽烟、不喝酒、不吃辛辣食物、每天洗澡。也就是说，基本上排除了导致身体异味的其他因素，闻到的气味主要就是不同年龄段的体味。

然而现实生活中不同人的生活方式差异较大，尤其是许多人随着年龄的增长运动量减少，觉得不怎么出汗，也就不经常洗澡、不经常换贴身衣物。体表的分泌物和细菌累积，最后产生的气味可能远比这项试验中的浓郁。而人的嗅觉器官有很强的适应性，自己的气味无论好坏都很难感知到。面对其他人时，陌生人会避开，亲人会容忍，而小孩子或许就童言无忌了。

如何做个优雅的老人

衰老是任何人都无法避免的，但我们可以尽力做个优雅的老人，在与儿孙或者外人相处的时候，不让别人因老人味而感到不适。

既然"纯正"的老人味其实并不那么难闻，那么生活中闻到的"老人臭"就主要是由生活习惯所导致的了。避免老人味，最关键的就是勤洗澡、勤换贴身衣物。烟酒会增加体内的氧化压力，可能也会促进体表油脂氧化，从而产生更多的气味分子。如果可能的话，远离烟酒就可以大大减轻身体的异味。

至于饮食，或许有一些食物有一定影响，比如试验中避免的辛辣食物，以及有人猜测的高油脂食物。但体味毕竟只是生活的一个方面，"吃得愉快"对我们的生活至关重要，为了"或许能减轻老人味"就戒掉某些食物，并没有多大必要。

蛋白质进肚，命运各不同

学过生物化学的人在讨论食物成分的时候经常会这样说：因为任何一种蛋白质吃进肚子里都要被消化成氨基酸才能被身体吸收，所以蛋白质之间并没有什么区别。对常见的蛋白质和一般的营养功能来说，这种说法当然没有什么大错。但是，生物世界的东西充满"例外"。我们面对一种陌生的蛋白质，可以用这样的理由来说明它"和其他蛋白质没有区别"吗？

FDA 是否多此一举

至少 FDA 不敢用这样的"理论"来判断一种蛋白质可否食用。比如，有一种蛋白质叫作 rbGH，是通过基因重组产生的牛生长激素，把它注射到奶牛体内，就可以提高产奶量。决定能否批准它用于提高产奶量的关键是判断 rbGH 是否有害。牛奶中的 rbGH 是会被人吃进肚子里的，按照"口服不能被人体直接吸收"的说法，FDA 不用做什么就可以直接得出"牛奶中的 rbGH 不会危害人体健康"的结论。

但是，FDA 的审核要求进行大剂量的短期动物实验。在连续 28 天中喂小白鼠大剂量的 rbGH（相当于注射到奶牛体内的 rbGH 量的 100 倍），没有观察到小白鼠的任何生理指标出现异常。FDA 这才认为 rbGH 不会被人体吸收，因而不必进行长期的安全性实验。

虽然这个结论与"理论预测"一致，但并不能据此认为 FDA 的这一实验是多此一举。有意思的是，加拿大的主管部门认为 FDA 的结论并不可靠，因为在另一项实验中，喂小白鼠大剂量的 rbGH 后，在小白鼠体内检测到了 rbGH 抗体的存在。这一结果让 FDA 颇为尴尬。虽然抗体的产生不一定意味着蛋白质被直接吸收，但至少说明直接吸收是可能的。而 FDA 最终给出维持原结论的理由是"即使能够产生抗体，也对人体无害，而且牛奶中的 rbGH 含量远远达不到产生抗体的剂量"。

换句话说，FDA 不是基于 rbGH 是蛋白质就认为它在口服时不会被直接吸收，而是根据动物实验得出的结论。在评估一种新蛋白质是否安全时，FDA 和加拿大的主管部门都默认"口服蛋白质有可能被人体直接吸收"，而要求用实验证据来否定这个假设。

蛋白质可能被肠道吸收吗

出于科学的严谨，FDA 等权威机构默认陌生蛋白质是有可能经过口服被肠道直接吸收的。那么到底有没有这样的例子呢？

日本科学家藤田贡等人在 1995 年发表过一份研究报告。他们把纳豆激酶注入小白鼠的十二指肠，发现纳豆激酶可以被吸收进入血液，然后发挥纳豆激酶的生理活性。当然，这项研究只能说明纳豆激酶可以通过小白鼠的小肠壁，并不能说明口服的纳豆激酶经过胃液消化之后能够完整地到达小肠，也不能说明纳豆激酶在人体中会有同样的行为。因为纳豆激酶的研究不是热门领域，所以这项研究并没有引起广泛的关注。不过，考虑到生物研究中经常用动物实验的结果来推测人体的可能机理，这项研究至少说明：具有生理功能的蛋白质或者比较大的蛋白质片段经过肠道被人体吸收的可能性是存在的。

实际上，在现代药学研究中，口服蛋白质药物是一个非常热门的领域。这一类药物的设计理念一般是通过各种保护手段，让药物蛋白质能够抵抗消化液的袭击而安全抵达小肠，再释放出来，并用其他物质减少小肠的吸收障碍，使得药物蛋白质可以进入血液系统。制药公司各显神通，在过去几年中取得了相当大的进展。目前，已经有一些公司的口服胰岛素进入临床试验阶段。

有口服可直接吸收的蛋白质吗

显然，不管是纳豆激酶的动物实验，还是口服蛋白质药物，都还不能算作普通蛋白质经过口服被人体吸收，但经过口服直接吸收的蛋白质是存在的。

有一种叫作 BBI（Bowman-Birk inhibitor，包曼－伯克胰蛋白酶抑制剂）的蛋白质，它是来自大豆的一种蛋白酶抑制剂，由 71 个氨基酸组成。像其他蛋白酶抑制剂一样，它可以抑制体内蛋白酶的作用，从而影响蛋白质的消化。传统上，这样的物质被当作"反营养物质"（即不仅不能为人体提供营养，还影响其他营养成分吸收的物质）。不过，后来人们发现它有非常好的抗癌效果，而且对多种癌症都有效，特别是它可以通过口服发挥作用。在动物身上进行的同位素示踪实验显示，口服 BBI 两三个小时之后，有一半以上的 BBI 进入了血液并输送到动物全身各处，经尿液排出的 BBI 仍然具有活性。

在各种动物实验中，BBI 显示出了良好的疗效和安全性。1992 年，FDA 批准它进入临床试验阶段。在二期临床试验中，口服 BBI 显示出了抗癌的能力。而用 BBI 抗体对病人血液进行的检测结果显示，BBI 可以通过口服进入人体血液，而从尿液中也能检测到 BBI 的存在——这跟动物实验的结果类似。至于那些没有进入血液的 BBI，则未经消化排出了体外。

还有一种叫作 Lunasin（露那辛）的蛋白质，它由 43 个氨基酸组成，严格来说，它应该被称为"多肽"而不是"蛋白质"。最初人们在大豆中发现了它，后来在小麦等种子中也找到了它。跟 BBI 类似，它也因口服抗癌的作用而受到关注。在 2009 年发表的一份研究报告中，伊利诺伊大学的研究人员直接从血浆中分离得到了 Lunasin。他们让志愿者连续 5 天每天食用 50 克大豆蛋白，在第 5 天吃完之后的 30 分钟和 60 分钟分别取血浆进行检测，结果发现，吃过大豆蛋白之后，血浆中出现了 Lunasin，而实验之前则检测不到。经估算，50 克大豆蛋白中含有的 Lunasin 平均 4.5% 进入了血液。

那些没被消化彻底的"残余"

不仅是这些能够经受住消化酶的考验直接进入血液的蛋白质具有生物活性，即使是那些扛不住消化酶的袭击而土崩瓦解的蛋白质也可能产生不同的生物活性。也就是说，不同的蛋白质即使被消化了，也不意味着就一定"没有区别"。

通常，蛋白质到了胃里就开始被消化，出了胃进入十二指肠的时候就变成了氨基酸及各种长短不一的蛋白质片段的混合物。这些蛋白质片段，小的由两三个氨基酸组成，大的可以由几十个氨基酸组成。在学术领域，它们被称为"多肽"，在商品营销中又被称为"胜肽"。比如，两个氨基酸组成的叫二肽，三个氨基酸组成的叫三肽……

进入十二指肠的这些混合物开始被吸收进入血液，同时小肠中的消化液进一步把这些多肽分解得更小。与人们的直觉不符的是，小肠对单个氨基酸的吸收不是最迅速的，而是对二肽、三肽吸收得更快。多肽是被吸收还是被进一步消化分解成氨基酸，取决于吸收和消化的竞争（见图4）。比如牛奶中最主要的两种蛋白质，乳清蛋白很容易被消化，而酪蛋白则被消化得比较慢。因此，乳清蛋白的吸收以氨基酸或者二肽、三肽的形式为主，酪蛋白则更容易以多肽的形式被吸收。1998年，法国巴黎大学的研究人员在《生物化学》（*Biochimie*）上发表了一项研究成果，他们给健康人食用酸奶或者牛奶，然后分别收集胃液、肠液和血液，以分析其中的多肽组成。在血液中，检测到了两个来自酪蛋白的长链多肽的存在。

传统上，牛奶、大豆、鱼等食物仅被当作优质的蛋白质来源。近年来，越来越多的研究把目光对准了它们产生的多肽。大量具有各种各样生物活性的多肽被分离出来，并在体外实验和动物实验中显示出了生理功能。虽然体外实验和动物实验的结果未必能在人体内得到重现，这些多肽能够对人体健康产生多大的作用的确还需要更多临床试验的验证，但有两点是学术界广泛认同的：不同的蛋白质能够生成具有不同生物活性的多肽，这些多肽可以被直接吸收进入血液系统。

2010年，日本学者在《农业与食品化学杂志》上发表了一篇论文。他们让志愿者吃不同来源的蛋白质或者这些蛋白质

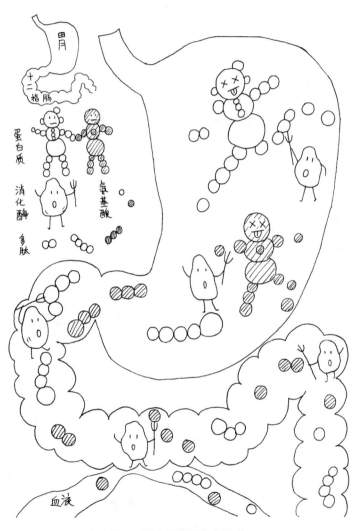

图4　蛋白质的消化与吸收

的水解物，然后在不同的时间抽取他们的血液，分析其中的胰岛素及各种氨基酸和二肽的含量。他们发现，不同的蛋白质或者预先水解程度不同的同种蛋白质被食用之后，各种氨基酸、二肽进入血液的速度并不一样。这种不同会导致胰岛素分泌差异，从而影响人体的生理状况。

这意味着什么

不同的蛋白质是不一样的，即使吃进肚子里，它们也不仅仅是满足人体的氨基酸需求那么简单。虽然像 BBI、Lunasin 这样特立独行的蛋白质很少见，但是当我们面对一种新的、人类知之甚少的蛋白质时，也不能简单地认为它就一定会被消化成氨基酸而被吸收，从而不会产生特别的作用。当然，这种特别的作用可能是好的，也可能是坏的。

即使是常见的牛奶、大豆、肉类的蛋白质，多数会被消化成单个氨基酸而被吸收，也还有一些顽强的蛋白质片段以多肽的形式存在。这些多肽虽然可能只占吃下的蛋白质总量的一小部分，但是具有生物活性的有效成分往往并不需要在量上占据主导地位。

不过，需要注意的是，理论上可行并不意味着打着"神奇蛋白""活性多肽"旗号的商品就是有效的。面对那些被说得天花乱坠的蛋白质或者多肽产品，以"各种蛋白质口服之后都没有区别"来否定也是不合理的。我们需要做的是，对生产者说：不要拿理论上的"可能"说话，请拿出具体的实验证据。

造药？造酒精？美国人这样处理废弃西瓜

在美国，超市里的西瓜都是"五官端正"、大小均等的。对于那些长相不符合要求的，一般而言就任由它们烂在地里。据统计，美国农场里大约有20%的西瓜就这么被浪费掉了，对农民而言也造成了不小的损失。于是，美国农业部与科研机构合作，想办法对这部分西瓜进行废物利用。

因地球的可持续发展受到关注，生物燃料成为一个新兴的热门领域。第一代生物燃料用粮食发酵生产酒精，但是这显然会加剧粮食短缺。第二代生物燃料则寻求用非粮食成分来做发酵原料。发酵生产酒精就是把植物中的碳水化合物用酵母或者细菌转化成酒精，而酵母和细菌都喜欢糖或者淀粉这类"好吃"的碳水化合物。对非粮食成分而言，其中的碳水化合物很大一部分并不以这些容易利用的形式存在。西瓜中含有7%~10%的糖，正是酵母和细菌喜欢"吃"的种类。因此，那些废弃的西瓜不管长得多难看，都不影响它们被发酵的效率。

2009 年 8 月出版的《生物燃料用生物技术》（*Biotechnology for Biofuels*）发表了一项研究成果：西瓜汁经过酵母菌的发酵，1 克糖可以产生 0.4 克左右的酒精。这样，一个 10 千克左右的西瓜可以生产 350 克左右的酒精。考虑到西瓜中水占了很大的比例，这样的转化效率令人满意。

要从西瓜中得到酒精，需要对西瓜进行发酵，然后通过蒸馏把酒精分离出来。科研人员设想的方式是使用流动发酵蒸馏装置。农民把装置推到西瓜地里，把那些不宜售卖的西瓜捡来，在收集西瓜籽的同时收集西瓜汁，然后用西瓜汁来生产酒精。按照美国的西瓜亩产量和废弃比例，一亩地大约可以回收 15 升酒精。这虽然并不算多，但考虑到这些西瓜本来是要丢弃的，多少还是为农民增加了一些收入。

不过这还不是最有效的废弃西瓜利用方式。西瓜中含有大量番茄红素，这是一种红色的色素，具有很强的抗氧化性。有研究发现，西红柿，尤其是熟西红柿或者西红柿酱，对于降低患某些癌症的风险有一定的作用。目前有许多研究者推测可能是其中的番茄红素在起作用。不管这种可能是不是真的，番茄红素都是一种天然的色素和抗氧化剂，这就足以使它身价不菲了。但是西红柿本身也不便宜，从中提取番茄红素也就受到一定的限制。而从废弃西瓜中提取，在原料成本上就省了不少。废弃西瓜可以用于提取番茄红素，而提取完番茄红素的废液依然还保留着发酵所需要的成分，因此丝毫不影响其作为酒精的生产原料（见图5）。

因为西瓜汁中的糖含量不够高，所以在发酵之前需要对其进行浓缩处理。而在用废糖蜜或者蔗糖来发酵生产酒精的工艺流程中，又需要用水把这些原料稀释到适当的浓度。那么如果用西瓜汁来稀释的话，一方面节省了生活用水，另一方面其中本来就含有 7%~10% 的糖，可以减少糖蜜或者蔗糖的用量。西瓜汁也就不再需要进行浓缩处理。按照美国农业部关于这项研究的数据，用这些提取了番茄红素的废液来稀释发酵原料，可以少用 15% 的糖蜜，而且节省大量的生活用水。

在酵母发酵的过程中，糖是作为碳源存在的，而酵母的生长还必须有氮的存在。因为糖蜜中的氮含量不足以支持酵母充分发酵，所以用水稀释糖蜜还需要额外加入氮源，也会提高一些成本。西瓜汁中含有很多游离的氨基酸，是酵母很喜欢的氮源。用纯西瓜汁来发酵的话，就算酵母菌把其中的糖"吃"光了，也还会有富余的氮。也就是说，酵母其实"吃"不了那么多。用西瓜汁去稀释糖蜜，这些富余的氮就派上了用场，不用再额外加入氮源了。

除此之外，西瓜中还含有相当多的游离氨基酸，其中有一种叫瓜氨酸。瓜氨酸虽然不是人体必需的氨基酸，但它在人体内可以转化成精氨酸，这个转化过程和精氨酸在人体内的代谢

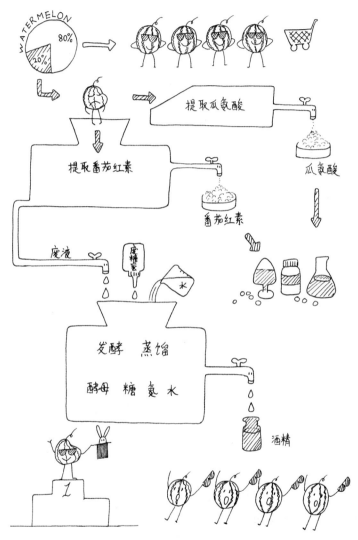

图 5 废弃西瓜的再利用

注：图中 WATERMELON 为西瓜的英文。

可以调节体内氮的平衡，因此瓜氨酸就有了一定的医药价值。在制药工业领域提取瓜氨酸也受到原材料的制约，而这些废弃的西瓜汁就提供了廉价的原料。

专门种植西瓜来生产酒精、番茄红素和瓜氨酸可能是不划算的，也是一种工业产品"与人争食"的途径。对这些不满足人们的要求、本来要废弃的部分，通过新型技术的开发加以充分利用是值得的。虽然它产生的经济效益未必很大，但是在地球资源越来越紧缺、可持续发展的呼声越来越高的今天，人类可以把各个角落的沙子聚集起来，堆成一个个沙堆。

地沟油不能吃，那它们应该去哪里

地沟油可称得上中国食品的"心魔"之一。新闻报道只要一提到地沟油，无论其真实性如何，都会立刻成为热点而受到广泛关注。

地沟油得名于地沟里捞出来的油，而现在它的含义得到了很大的扩展，实际上是指各种来源的废弃食用油或者劣质动植物油脂，如潲水油、废弃的油炸油、废弃动物提炼的油。

也就是说，地沟油其实是一个很宽泛的概念，不同的地沟油组成可能完全不同。这也导致无法找到一种真正正确有效的方法来检测和鉴定地沟油。

地沟油的共同特征就是来源不符合食品原料的要求。不管其检测数据如何，都不该允许其流回食品供应链。无论在中国还是外国，食物加工产生的废弃油脂都是一个巨大的问题。它本来是不应该进入地沟的，准确地说，我们应该叫它"废弃食用油"或者"潲水油"。正所谓"垃圾是放错了地方的资源"，对于这些废弃的油脂，我们应该如何为它找到该去的地方呢？

地沟油发生了什么变化

食用油的基本化学结构是甘油三酯，就是一个甘油分子上连接着三个脂肪酸分子。脂肪酸分为饱和脂肪酸与不饱和脂肪酸。不饱和脂肪酸的含量高，油的熔点就低，在常温下呈液态，我们将其称为"油"，如大豆油、菜籽油等植物油。饱和脂肪酸的含量高，油的熔点就高，在常温下呈固态，我们将其称为"脂"，如猪油、牛油等动物油脂。

不饱和脂肪酸中含有不饱和的化学键，容易发生变化，尤其是被空气中的氧气氧化。温度越高，氧化速度就越快。因为油脂在烹饪过程中都会被加热到很高的温度，所以煎炸的植物油使用时间过长的话，其氧化产物的含量就会大大提高。

不同的油含有的不饱和双键数目及其在脂肪酸分子中的位

置各不相同，烹饪温度、加热时间也差别较大，这些因素都会影响到油的氧化。不仅是氧化产物的量不同，氧化产物的种类也大不相同，这就导致对它们的分析变得很困难。人们很难预测使用过的油中含有的氧化产物的种类和含量多少，不过可以确定的是，一些氧化产物会让油的气味变得很差，甚至会影响人体健康。

在中国，废弃食用油通常被倒入潲水。潲水养料充足，温度适当，是各种细菌滋生的乐园，有一些细菌在生长过程中会产生毒素。

因此，食用油经过烹饪再进入潲水，就增加了许多身份不明的物质，其中很大一部分还可能是有毒有害的。

地沟油的歧途

地沟油是指从排污管道里捞起来的油，有时候也直接从潲水油中获取。据传地沟油经过加热、过滤等操作之后可以在外观和味道上"以假乱真"。理论上，这很难实现，将那些产生异味的氧化产物及一些导致色泽、黏稠度产生变化的成分从油中分离出来并不容易。如果地沟油真的流回了餐桌，那么也应该不是它真的可以"以假乱真"，而是餐饮业者明知故犯。

媒体经常报道地沟油的毒害有多大，比如其毒性是砒霜的

100 倍。其实它到底有多可怕并不重要——不管其毒性是砒霜的 100 倍还是 1%，都不该允许地沟油流回餐桌。

不过，任由潲水油流入排污管道也不是好的选择。一方面，虽然油跟水不相溶，但是油很容易附着在排污管道上，久而久之，会影响管道的运行；另一方面，它在自然环境中进一步氧化，不仅产生的恶臭影响空气质量，而且有害的氧化产物还给环境带来一定的威胁。

在美国，餐馆和食品加工企业产生的废油是不允许倒入下水道的。生产者必须把它们收集起来，以前还需要付费请废油收集公司运走。即使是个人，也鼓励把油用密封的瓶子装好放入垃圾桶，而这些垃圾最后会由垃圾处理公司收集到一起统一处理。

潲水油的通常去向——生物燃料

从化学的角度来看，潲水油的主要成分依然是植物油———一种可以燃烧的有机物。对废弃油脂最常规的利用就是将其作为燃料来驱动发动机。

常规的汽车发动机需要把汽油喷雾打火，植物油没有用武之地。它的出路在于柴油发动机。不过，与通常的柴油相比，不管是纯植物油还是废弃的潲水油，黏度都太高了，无法直接使用，而潲水油中可能含有的杂质也会损害柴油发动机。要把潲水油用于发动机，必须进行一定的处理。

一种思路是处理潲水油，让其符合柴油发动机的使用条件。先对其进行过滤等操作去除固体杂质，然后加入酒精或甲醇，在催化剂的作用下，油中的脂肪酸会脱离甘油"骨架"与酒精或甲醇反应，生成"生物柴油"。反应混合物中除了生物柴油，还会有脂肪酸离开之后剩下的甘油、没有反应完的酒精或甲醇，以及少量的水。反应混合物还需要进一步地分离、纯化，最后才得到纯净的生物柴油。这个过程比较复杂，废弃食用油相当于石油加工中的"原油"，而经过炼制得到的生物柴油可以直接用到柴油发动机上。

另一种思路是改装发动机使之直接燃烧潲水油。这种尝试在100年前就开始了，在20世纪三四十年代和七八十年代因石油短缺掀起过研发高潮。到了80年代，随着石油价格的下降，生物柴油的美好前景很快没落了。直到最近，由于石油价格飞涨，生物柴油的成本又居高不下，这种思路重新获得了人们的关注，并且在实际操作上取得了很大的进展。

潲水油的高黏度会导致它进入发动机后不能完全燃烧，进而妨碍发动机的运行。值得庆幸的是，把油预先加热到一定的温度，其黏度就会降到可接受的范围，从而在柴油机中正常燃烧。常规方案是在柴油发动机上增加一些装置，使用的时候先用普通柴油启动发动机，用发动机产生的热量预热潲水油，然后把油路切换到潲水油，就可以循环运行下去。这种方案的优势显而易见，餐馆等地方会产生大量的废弃食用油，把车开到餐馆的废油罐旁，就可以免费加油。只要省下的油钱超过改装发动机的费用，就是有利可图的。在美国，废弃食用油通常是油炸油，相对来说杂质不多，使得这种方案更具可行性。在美国市场上，有许多进行这种改装的服务，心灵手巧的人甚至可以自己完成。成本最低的改装只需几百美元就可以让一台柴油车使用废弃食用油做燃料了（见图6）。

不过，这种方案的短处也很明显。首先，它需要两个油箱，分别装潲水油和普通柴油，需要的空间自然就增大了，通常只能用在对发动机总体所占空间要求不高的设备上，如公共汽车、农用机械。因为油未经其他处理，所以改装的发动机中需要有一个过滤装置，而这个过滤装置需要经常更换。其次，潲水油的质量也很重要，如果杂质太多，各种问题就会接踵而至。另外，此类改装车在热带地区运行起来比较容易，而在气候寒冷的地方，预热就比较困难。也有一些公司研发直接使用废弃食用油的发动机，不需要使用普通柴油启动。在德国，已经有这样的发动机面世。

除了驱动发动机，直接燃烧产生热量也是一种思路。许多民宅的供暖通过燃烧柴油实现，这种燃烧对油品的质量要求不

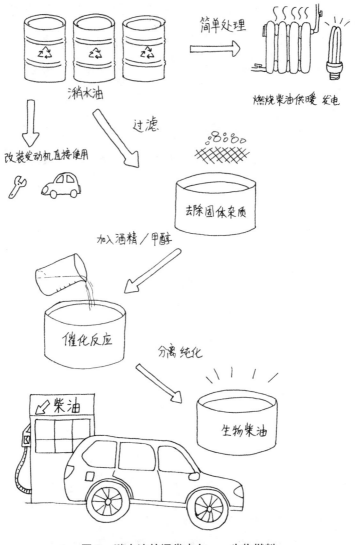

图 6 潲水油的通常去向——生物燃料

高，经过简单处理的废弃食用油也可以使用。另外，垃圾处理公司通过焚烧废弃食用油发电，也是简便易行的方案。

潲水油的新用途——节能涂料

科学家们一直在寻找潲水油的其他用途。在 2010 年的美国化学学会春季年会上，就有一个公司介绍了他们在美国能源部资助下开发的潲水油新用途——节能涂料。

在美国的多数地区，冬天要用暖气，夏天要用空调，二者都相当耗费能源。如果房顶使用黑色的涂层，比如沥青，那么房屋的保温性能将比较好，需要的暖气就会少一些。但是，黑色房顶到了夏天就会从阳光中吸收更多的热量，反而增加空调的负担。如果使用白色的涂层，则相反：有利于夏天节省使用空调的费用，但是冬天又需要更多的暖气。

用废弃食用油做成的涂料却可以二者兼得。当环境温度高于某个值（转折温度）时，它会反射阳光的热量；当环境温度低于那个值时，它就会吸收阳光的热量。这样，房子内部冬暖夏凉，可以减少总的能量消耗。并且还可以通过改变涂料的配方改变这个"转折温度"。

这项技术的开发者声称，虽然废弃食用油通常有异味，但制作出来的涂料是没有气味的。根据所加的添加剂，它还可以

·

呈现不同的颜色。它可以用于各种材质的房顶，能够保存多年，然后再次刷涂。他们估计，如果进一步的测试结果依然良好，这项技术就有望在 3 年后实现商业化。

不过，开发者也提醒大家，虽然这种涂料是以废弃食用油为原料制作而成的，但是并不意味着大家可以直接把收集来的潲水油倒在房顶上，以试图获得相似的效果。这种涂料的生产过程中使用了一种关键助剂把油转化成液体聚合物，这种聚合物干燥之后变成了无毒且不可燃的塑料。如果直接把油倒在房顶，油不仅不会聚合，还有引发火灾的风险。

将地沟油变废为宝需要全社会的共同努力

地沟油是一个严重的社会问题，不管它是真是假，都大大影响了人们的生活。打击、处罚是解决它的直接手段，但从人类可持续发展的角度看这远远不够。它是垃圾，经过合理利用的垃圾能成为宝贵的资源。

合理地回收利用地沟油能够减少对石油的需求。虽说它对于解决能源问题杯水车薪，但其绝对数量仍然相当可观。更重要的是，回收地沟油避免了它流入自然环境，对环保而言是治本之道。

将地沟油变废为宝必然需要全社会的共同努力。对餐馆和食品加工企业而言，尽可能地收集好废弃食用油，避免它进入地沟，可以大大降低后续的再利用成本。只要把这些收集起来的油提供给合法的机构再利用，就从根上杜绝了非法打捞地沟油的机会。这或许会增加一点儿餐馆和食品加工企业的劳动量，但是相比地沟油的传言影响人们对餐饮行业的信任，这些付出是完全值得的。对从事废弃食用油回收利用的机构而言，尽可能地为餐馆、食品加工企业乃至个人提供方便的收集装置，并且主动上门收集，必然会大大提高人们的配合度。

总体而言，把潲水油转化为生物燃料或者投入其他合理的用途，依然需要相当高的成本。这种产业是否有利可图，将影响投资者的积极性。但是，除了直接的经济效益，它毕竟还有很大的社会效益。如果直接的经济效益不足以支撑这个行业，就需要由政府采用一定的措施来调节。即便是用税收优惠甚至经济补贴来刺激，也是值得的。毕竟，社会效益对于投资者不一定有吸引力，但对于政府是至关重要的。

吸烟、肺癌与基因的"三角绯闻"

人们通常认为患肺癌与生活方式有关，比如吸烟，但科学家们一直怀疑关系密切的肺癌与吸烟之间存在"第三者"。在

1963 年发表的一篇报道展示遗传因素与肺癌关系"暧昧"之后，无数类似的消息被敬业的科学家们挖掘出来。吸烟、肺癌与基因这三者的关系一直纠缠不清。在人类基因组计划完成之后，科学家们对这一课题做了更深入的探讨。2008 年 4 月的《自然》(*Nature*) 和 5 月的《自然 – 遗传学》(*Nature Genetics*) 上，共有 3 篇"八卦"报道了这一"绯闻"的最新进展，但是对于三者关系的解读截然相反，看来可能别有洞天。

人类基因组的确定只是发掘各种"绯闻"的第一步。无数好奇心强的人孜孜不倦地琢磨着从中整点儿新闻出来。"基因组范围关联研究"(Genome-Wide Association Study，GWAS) 是一种强大的研究方式，从 2007 年以来，人们通过它发现了基因组中有上百个区域与某些疾病的发生有着不得不说的故事，如糖尿病、炎症性肠病、心脏病。

GWAS 最近成功地把传闻中肺癌背后的基因挖掘出来。这个隐藏多年的家伙是通过"人肉搜索"的方式被找到的。在人类的遗传过程中会发生各种各样的变化，被称为"遗传多样性"。遗传多样性之所以发生，多数情况下（大约 90%）是因为基因中的一个核苷酸碱基被别的碱基取代了，这种取代被称为"单核苷酸多态性"(Single Nucleotide Polymorphism，SNP)，目前记录在案的已有几十万个。SNP 经常是某些疾病高发的罪魁祸首，但从这几十万个 SNP 中找出目标实在不是一件容易的事情。不过现在的科技装备先进，用基因芯片可以对这些 SNP 进行"人肉搜索"，正所谓"天网恢恢，疏而不漏"，躲在肺癌背后的基因终于无所遁形。

基本思路并不复杂，采用的是"病例—对照"方式。找大量（几百上千例）肺癌患者，再找相应数量的健康人，用基因芯片检测他们的基因组。这项检测所用的基因芯片能够检测到那几十万个 SNP 的存在，最后找出在两组中存在显著差异的 SNP，它们可能就是罪魁祸首。有三个研究组分别进行了类似的研究，结果都指向第 15 条染色体上的一条长臂。这三项研究结果有两项发表在了同一期的《自然》上，另一项发表在了《自然 – 遗传学》上。

有趣的是，根据那段 DNA（脱氧核糖核酸）区域中的基因合成出来的蛋白质是乙酰胆碱的受体。已经有其他研究表明乙酰胆碱受体与吸烟行为密切相关。一份又一份流行病学的调查已经让人们对吸烟与肺癌的密切关系深信不疑，因此任何与吸烟有关的东西都摆脱不了与肺癌的"绯闻"。于是，吸烟、肺癌、基因三者的关系更加扑朔迷离。是肺癌脚踩两只船，还是吸烟与基因唇齿相依？

三个研究组虽然挖到了相同的素材，辅助处理的结果却给出了相反的结论。一组认为是基因调控吸烟的行为，而吸烟导致了肺癌。按照这个结论，即使具有了这种基因，只要坚持不吸烟，就可以降低患肺癌的概率。这个结论可能更受欢迎，至少基因芯片公司可以检测出你是否携带这种基因。如果是，那么你就坚决不要吸烟了；如果不是，那么你吸不吸烟对肺癌的发生都没有太大影响，算是天生多了一层保护。但是另外两个研究组认为，基因与肺癌是直接相关的，跟吸不吸烟没什么关系。

因此，对于吸烟是不是引发肺癌的原因，科学界还没有定论。对大众来说，即使吸烟不是引发肺癌的直接原因，它毕竟还与心脏病、阻塞性肺病等关系暧昧，还是敬而远之的好。

人蚊大战，基因技术登场

2016 年 3 月 11 日，FDA 发布了一份进行转基因蚊子释放试验的征求意见稿。试验目的是用转基因蚊子消灭它们在自然界中的同类，从而切断寨卡病毒①的传播。FDA 组织美国相关主管部门仔细审议了这项试验可能带来的环境影响后，得出它不太可能对包括人类在内的非目标物种（即它要对付的蚊子之

———————

① 寨卡病毒通过被感染的埃及伊蚊叮咬人传播。据估计，80% 的人感染寨卡病毒后不会出现任何症状，不知道自己已经中招。如果出现症状，最常见的是发热、皮疹、关节痛和结膜炎（红眼睛）。麻烦的是，寨卡病毒迄今未有疫苗，如果孕妇感染了，会传递给胎儿。

外的其他生物）产生任何不利影响的结论。因此，FDA 发布了这一初步的 FONSI（Finding of No Significant Impact，意为"未发现显著影响"）决定，并在 30 天内收集公众意见，然后决定是否进行试验。

在转基因技术如此敏感的今天，FDA 为什么要批准这项试验呢？让我们从人类与蚊子的斗争说起。

人蚊大战，人类已经疲惫不堪

蚊子是世界上无处不在的生物。许多蚊子携带病毒或者寄生虫，当它们叮咬人类时，病毒或者寄生虫就会感染人体。比如，疟疾就是蚊子传播的典型疾病，每年因患疟疾而死亡的人多达数十万。

杀灭蚊子，切断传播途径是阻挡这些疾病传播的核心手段。在中国，政府曾经发起过"除四害"的群众运动，其中一害就是蚊子。

但是，蚊子的变异能力更强。对于人类对付它们的任何手段，它们都能很快产生抗性。在人蚊大战中，人类不得不使用高毒性的农药，比如 DDT（滴滴涕，化学名为双对氯苯基三氯乙烷）。DDT 为解决疟疾做出了卓越的贡献，但同时也带来了严重的环境问题，使得许多国家不得不禁止使用它，DDT

甚至成了"曾经认为很好的科学发现，最后危害人类"的例子。但是，在疟疾严重的地区，比如非洲，还没有哪种灭蚊手段的效果可以和DDT的效果相媲美。于是，在"因疟疾而死人"和"DDT危害环境"的两害相权之下，非洲不得不继续使用高毒性的DDT。

在世界其他地方，疟疾已经得到很好的控制，但是蚊子传播的其他疾病，如登革热、寨卡病毒、黄热病，依然让世界各国的卫生部门头痛不已。

埃及伊蚊促使开发转基因蚊子

埃及伊蚊是蚊子的一种，也是传播登革热和寨卡病毒的罪魁祸首。2009—2010年，美国一些地区暴发了登革热。虽然人们很清楚只要控制住埃及伊蚊就能切断这一疾病的传播，但实际做起来还是力不从心。在花费了数百万美元之后，还是未能有效控制住蚊子。美国的卫生部门官员不得不考虑其他方案，一家公司研发的转基因蚊子就被选中了。

这一转基因操作的目标并不是直接清除登革热病毒，而是杀死埃及伊蚊。只要消灭了蚊子，它们所传播的任何病毒就都会消失得无影无踪。选择这一方案的初始目标是消除登革热，后来寨卡病毒也被同时消除了。

转基因技术如何消灭埃及伊蚊

转基因埃及伊蚊体内会产生一种毒素，在实验室里，这种毒素为四环素所抑制，对蚊子没有影响。一旦把这些蚊子放入自然界，脱离了四环素的抑制，毒素就被激活了。

不过，这些毒素不会立即杀死蚊子。被释放的雄蚊子到自然界中与雌蚊子交配，其后代体内会带有这种毒素。在蚊子幼虫发育的早期，毒素产生活性，从而杀死它们。也就是说，这种技术通过让交配的蚊子失去繁殖能力达到灭蚊的目的。

这种蚊子已经在巴西、巴拿马和加勒比海的开曼群岛进行过试验，效果达到了预期，开发者申请在美国进行释放试验。恰逢美国佛罗里达州爆发了埃及伊蚊传播的寨卡病毒，FDA 也就打算批准在那里进行一次试验。

毫不意外，在公众对转基因技术充满顾虑的今天，此举必然面临许多争议。比如，对基因改造产生的这些毒素，蚊子也可能进化出抗性或者解毒机制，从而让这种手段失效。到那时，蚊子的繁殖又回到目前的状态。再如，当地已有居民反对，用大众媒体常用的说法是"不做小白鼠"。征求意见期满之后，FDA 最终能否批准进行这项试验，也还未然可知。如今几年过去了，没看到事情的进展，不知这项试验是否取得了成功。

基因驱动技术，强大得让人担心

其实，释放经改造的蚊子去对付蚊子，在半个世纪前就开始了。那时候，释放的是绝育的雄蚊子，让它们去跟自然界的雄蚊子竞争。跟绝育蚊子交配的雌蚊子无法生产后代。显而易见，这一方案的核心在于有多少绝育蚊子进入大自然。它们的数量不会增加，对蚊子数量能产生多大的影响，取决于它们与野生蚊子的力量对比。

实际上，我们的目标并不是消灭蚊子，而是消灭蚊子所携带的病毒或者寄生虫。自然界中并不是所有蚊子都携带病毒和寄生虫，有些蚊子体内应该带有某种对抗病毒和寄生虫的抗体。如果把这种抗体基因转移到那些传播病毒的蚊子体内，这些转基因蚊子就不会再"助纣为虐"，而能够与人类和平共处了，人类也就不用再处心积虑地消灭它们。

不过，按照孟德尔遗传定律，一只能产生抗体的蚊子，到了自然界跟野生同类交配之后，第二代中携带这种抗体基因的只有1/2，到第三代则只有1/4。也就是说，即使将这样的蚊子放入自然界，它们的抗体基因也会逐渐被"稀释"。几代之后，也就很少还有蚊子具备这种抗体。

基因驱动则是要打破孟德尔遗传定律，它的目标是使所需要的目标基因在繁殖中得到优势传播，只要与带有目标基因

（比如经过基因改造能产生抗体）的蚊子交配，后代都带有这一基因。这一设想出现于20世纪40年代，不过一直只是设想而已。2003年，英国伦敦帝国理工学院的教授奥斯汀·伯特提出依靠DNA剪切技术的基因驱动操作去改变物种，从而控制疾病的传播。不过，对于如何剪切、如何改变，还没有实际方案，以至到2014年，科学家们在讨论基因驱动技术潜在的风险时，还把它当作一个"假想的问题"。

没想到，讨论之声犹在，2015年美国有两个研究组成功地创造出了基因驱动的物种，分别是蚊子和果蝇。技术的突破在于，哈佛大学和麻省理工学院共同发明了新的基因组编辑技术CRISPR/Cas9。对于采用有性繁殖方式繁衍后代的物种，这一技术可以改变它们的任何基因，然后让它们在野生群体中传播下去。

在孟德尔遗传定律下，以蚊子为例，能产生抗体的改造蚊子与不能产生抗体的野生蚊子交配，产生的子代是杂合子——也就是等位基因中一个能产生抗体，另一个不能。而经过基因驱动的改造，那个不能产生抗体的等位基因会被自动切掉，然后按照另一条DNA上的基因进行修复。于是，得到的子代蚊子就成了能产生抗体的纯合子。同样地，它再与其他蚊子交配，不管对方能不能产生抗体，其子代都是能产生抗体的纯合子。

这就意味着，只要释放一些具有基因驱动、体内带有特定抗体基因的蚊子，经过若干代之后，这种蚊子就基本上都是体内带有抗体基因的"新物种"了，也就不再是传播疾病的罪魁祸首。

基因驱动技术的应用远不止于此。除了用于改造蚊子，消除疟疾、登革热、黄热病等蚊虫传播的疾病，它还可以用于根除入侵物种。由于外来物种的入侵破坏了当地的生态环境，美国每年遭受的损失高达 420 亿美元，而且许多原生物种因入侵物种的生长能力太过旺盛而走向灭绝。

此外，农药和除草剂的使用会让目标物种产生抗性。一旦抗性产生，相应地，农药和除草剂就失去功效。如果对没有产生抗性的相应物种进行基因驱动改造，再把它们释放到自然界中，也就可能消除这些物种的抗性。

基因驱动的研究刚刚开始。这一武器的威力巨大，放一批出去，假以时日会把这个物种全部改变。这种威力，在科学界内部也引起了巨大的担忧：它是否会产生出乎意料的不良后果？人类能否控制它？科学家们也在思考、争论。

无因咖啡中的咖啡因是怎么去除的

咖啡是世界三大饮料之一，深受许多人的喜爱。咖啡中最有特色的成分是咖啡因，但并不是每个人都喜欢。从味道上说，它是咖啡苦味的主要来源；从功能上说，它是神经兴奋剂，能让人处于兴奋状态，影响睡眠。除了咖啡因，咖啡中含有上千种成分，它们不仅可以形成特有的风味，还具有健康价值。因此，去除咖啡中的咖啡因也就有了市场需求。

咖啡因易溶解于热水，要把它从咖啡豆中提取出来并不困难。难的是如何只去除咖啡因，而尽可能地保留咖啡的其他成分。如果用水，提取咖啡因的同时也损失了其他风味物质。要想尽可能地保留咖啡的风味，就要用其他手段选择性地提取咖啡因，再把其他提取出来的物质加回去。

这样的操作实现起来并不容易。另一种思路是选用特定的有机溶剂，比如二氯甲烷，可以只带走咖啡因，而把其他物质留下。但是有机溶剂总有残留，不管其毒性是不是足够低，"有机溶剂残留"总是让消费者心存芥蒂。

早在1822年，一位法国学者发现物质中存在超临界现象。1879年，有科学家发现超临界流体卓越的溶解性能，预测它可以作为优秀的溶剂用于工业生产。不过，直到1962年，超临界萃取的概念才终于发展成技术，成功应用于"咖啡脱因"。

我们知道，各种物质都有气态、液态、固态三种状态。在适当的温度和压力下，这三种状态可以互相转化。比如水，在通常的气压下，温度在100℃以上时呈气态，低于这个沸点温度时变成液态，低于 0℃后变成固态。如果增大压力，转变温度就会发生改变，比如在高压下，水可以在 100℃以上保持液态；温度高于 100℃时，增加压力也可以使水蒸气液化为水。如果温度超过 374℃，那么无论把压力增加到多大，水蒸气都无法变成水。但是如果压力足够大的话，它的密度会远大于气体而接近水的密度。这样的状态跟气态、液态、固态都不同，被称为物质的第四种状态——超临界状态。374℃也就是"水的超临界温度"，处于超临界状态的物质就被称为"超临界流体"。

对水而言，要达到超临界状态需要极高的温度和极大的压力，在实际生产中并不方便。而二氧化碳的超临界温度只有 31.1℃，只要高于这个温度，把压力增加到 72.8 个标准大气压以上，二氧化碳就成为超临界流体。

超临界流体的特性跟气体和液体有很大不同，它的密度与液体接近，但黏度很低，扩散性能好，表面张力极小。这些特性使它具有优越的萃取能力（即一种液体从其他液体或者固体中吸取特定成分的能力）。把超临界二氧化碳用于充分吸水的咖啡豆，可以去除其中 98% 的咖啡因。

超临界二氧化碳萃取的优势并不仅仅体现在效率高，更重要的是它具有很强的选择性，任咖啡豆中有上千种成分，它只爱咖啡因这一种。二氧化碳无毒无味，只要撤去高压，几乎就可以完全挥发掉。萃取了咖啡因的超临界二氧化碳进入分离塔，加入水就可以去除咖啡因。咖啡因本身是另一种产品，而二氧化碳则可以循环使用，这样的工艺堪称绿色环保。

咖啡脱因是超临界二氧化碳萃取技术的第一个成功应用。此后，这一技术得到了更广泛的开发，应用之处越来越多。比如采用类似的工艺可以去除茶中的咖啡因，而改换工艺流程还可以提取茶中的茶多酚。在啤酒行业，用超临界二氧化碳提取啤酒花中的有效成分也得到了广泛应用。

从天然产物中分离生物活性物质在食品、医学、香精等行业有广阔的前景，比如油脂、天然药物成分、精油等。和咖啡脱因一样，传统的分离手段要么使用有机溶剂，不得不面对有机溶剂残留的质疑，要么使用高温水溶，再经过一系列分离、纯化流程。除了工艺烦琐，高温也会造成许多生物活性的损失。超临界二氧化碳萃取不仅萃取效率高，不存在溶剂残留问题，而且可以在较低的温度下操作，从而避免了高温对目标物质的破坏。

从英雄到众矢之的，抗生素到底能不能用

2016 年，两则关于抗生素的新闻引起了轩然大波。一则

是麦当劳宣布将"停用使用了抗生素的鸡肉，中国不在其中"，另一则是《美国科学院院报》(*Proceedings of the National Academy of Sciences*，PNAS)的一篇论文指出"猪肉中的抗生素含量是牛肉的 5 倍"。仔细探究事情的原委，这两则新闻都是对事实的误读。前一则，其实是麦当劳在美国市场停用使用了"人用抗生素"的鸡肉，美国之外的市场都不在其中，而不是特意忽略中国市场。后一则，那篇论文探讨的实际上是世界养殖业中抗生素使用量的现状与预测，文中数据是生产相等重量的肉，养猪使用的抗生素约为养牛的 3.8 倍。这个数据跟肉中含有多少抗生素毫无关系，更不是说猪肉比牛肉"更不安全"。

不过抗生素的过度使用的确是不容忽视的问题。许多人也在担心：肉中的抗生素有多大危害？"安全标准"又是什么呢？

抗生素的英文是 antibiotics，指能够杀灭细菌的药物。还有一个单词叫作 antimicrobial，它除了包括抗生素，还包括杀灭病毒、真菌和寄生虫的药物，但是在中文中，这个单词被翻译成了"抗菌素"(望文生义的话倒是更符合 antibiotics 的含义)，如果要准确表义，大概应该翻译成"抗微生物药"。在日常生活中，人们常常把病毒、真菌甚至寄生虫混为一谈。因此，虽然在英文或者学术讨论中"抗生素"与"抗菌素"有明确的区分，但在日常生活中区分模糊。

此处，我们虽然用"抗生素"这个大家熟悉、惯用的说法，但其作用方式与影响人类健康的方式对于抗病毒、真菌和寄生虫的药物是一样的。

抗生素的功效是杀死细菌，虽然不同的抗生素对不同细菌的攻击力不尽相同，但总体而言还是不加选择、对谁都有杀伤力的。在宿主（即细菌寄生的人和动物）体内，会有各种各样的细菌，大多数细菌与宿主相安无事。有些细菌为宿主的健康做出一定的贡献，被称为"益生菌"。还有些细菌则会生成危害宿主健康的物质，导致宿主生病甚至死亡，被称为"致病细菌"。

在漫长的历史长河中，人类对致病细菌一直束手无策，直到 1928 年青霉素被发现，人类才能对细菌感染进行有效打击。青霉素也就成了第一种商业化的抗生素，曾经在"二战"中挽救了无数人的生命。其发现者亚历山大·弗莱明因此获得了1945 年的诺贝尔生理学或医学奖，在颁奖典礼上，他警告世界"要警惕青霉素抗性菌的出现"。

这个警告不是杞人忧天，也不是耸人听闻。细菌的世界很复杂，其增殖速度很快，演化变异的速度也很快。对于一种抗生素，细菌种群中的大多数都没有抵抗力，一旦遇上就只能"惨遭灭门"。然而，如果有些天赋禀异的个体具有"抗性基因"，就能在这种抗生素的扫荡中幸存下来，再利用细菌本身快速增殖的能力，重新开枝散叶形成新的菌群。新菌群中的个体都带有这种"抗性基因"，这种抗生素也就对它们无能为力。这种新的细菌就被称为这种抗生素的"抗性细菌"。当它们作恶的时候，人类想要再用这种抗生素去对付它们，就会力不从心了。

更麻烦的事情在于，这些抗性细菌并不愿意"固守家园"，而是具有强烈的开拓精神，会寻求一切机会把它们的基因扩展到任何地方。如果一个人的体内产生了抗性细菌，那么通过喷嚏、握手等接触，这些抗性细菌也能进入空气中或者依附在物体表面，再进入其他人体内。如果牲畜体内产生了抗性细菌，那么这些抗性细菌可能通过肉、蛋、奶进入人体，也可能通过粪便进入环境，再通过其他食物进入人体。而且，细菌之间还可能发生基因漂移，它们的抗性基因也可能进入其他细菌中，把其他细菌也变成抗性细菌。

简而言之，抗性细菌的产生，受害的不仅仅是产生抗性的那个人或那只动物，而是整个人类！

美国疾病控制与预防中心估计，每年因抗生素抗性而得病的美国人至少有 200 万人，其中死亡人数不少于 2.3 万。此外，人体消化道内还有一种叫作"艰难梭菌"的细菌，通常情况下它会受到其他细菌的压制。如果其他细菌被抗生素大面积杀灭，它们就会兴盛起来，分泌毒素导致腹泻甚至其他更严重的后果。美国疾病控制与预防中心公布的数字是：美国每年因其得病的人数在 25 万以上，其中死亡人数可达 1.4 万。

抗生素抗性的后果很严重，但这并不是说人类就不应该使用抗生素。"二战"中如果没有青霉素，就会有更多的人死亡，后来会不会出现青霉素抗性对他们都没有意义。对许多传染性疾病来说，抗生素依然是最有力的应对武器。

因此，用不用抗生素根本不是问题，关键的问题是如何合理使用抗生素。

美国疾病控制与预防中心认为，美国人使用的抗生素中多达一半是没有必要和不恰当的，养殖中大量使用的抗生素也是如此。在中国，许多业内人士的看法是，医疗和养殖业中的"抗生素滥用"情况更加严重。抗生素的使用是不可避免的，抗生素抗性的出现也是不可避免的，但如果我们可以避免使用这些"没有必要""不恰当""滥用"的抗生素，就可以大大减缓抗性细菌的出现。解决抗性细菌最终还是要依靠新的抗生素，而减缓抗性细菌的出现一方面可以使现有的抗生素具有更强的生命力，另一方面也为科学家们找到新的抗生素赢得时间。

对个人来说，我们也可以通过减少使用抗生素做出自己的努力，从而减缓抗性细菌的出现。尽量避免自己被感染，尽量避免感染他人，也就减少了对抗生素的需求。美国疾病控制与预防中心提供了四个我们可以做出努力的方面：预防接种、饮食卫生、经常洗手，以及只在必要的情况下按照医嘱使用抗生素。当然，最后一条很容易让人陷入"滥用抗生素"和"抗生素恐慌"两个极端。有无"必要"只能由医生来判断，而"医嘱"是否合理除了要看医生的专业素养，还跟医患关系密切相关，如果病人急切要求"立竿见影"地解决问题，很多时候医生也就选择"滥用抗生素"了。

多吃米饭能让全球变暖吗

水稻、转基因与全球变暖都是大家关注的热点问题。大家都能想到水稻和转基因之间有密切的关系，那它们和全球变暖又有什么关系呢？

2015 年 7 月，中国和瑞典科学家在《自然》杂志上合作发表了一篇论文，记载了他们通过转基因水稻开发出"减排增产"新型水稻的研究成果。

水稻、转基因与全球变暖之间的纽带，叫作甲烷。

温室气体与全球变暖

我们居住的地球表面萦绕着一层大气。地球上的能量归根结底都来自太阳。太阳光穿越太空来到地球，在穿过大气层时一部分热量被吸收，穿透了大气层的热量把地球表面加热或者被植物吸收。到了晚上，地球吸收的热量又以红外线的方式散发出来。红外线的穿透能力不强，被大气层吸收而留下。环绕地球的大气层就像温室的玻璃罩子，为地球留住了热量，使得地球上的昼夜温差可以为人类所承受。据估计，如果没有这大气层，地球表面的夜间平均温度会低至零下十几摄氏度。

大气层的这种作用被称为"温室效应"，它能为地球保留多少热量跟大气层中的气体种类和量有关。在历史上，大气的组成和量没有明显的变化，地球表面的温度也就没有明显的变化。

但是，随着地球上人口的增多，人类的工农业活动越来越多，排到大气中的气体也越来越多。也就是说，人类的活动改变着大气的组成，使得它吸收的热量越来越多，地球表面的温度也就越来越高。

这就是备受关注的"全球变暖"，这些吸收热量的气体就是"温室气体"。

甲烷与温室气体

温室气体中最大的组成部分是水蒸气，水蒸气和地球表面的水很容易实现转化与循环，它在大气中的含量相当稳定，也就是说，它虽然对温室效应贡献大，但是一直很稳定，并没有对"全球变暖"产生影响。因此，一般情况下说到温室气体，都不把水蒸气包括进来。

水蒸气之外，最重要的温室气体是二氧化碳。随着人类工业的发展，排放的二氧化碳越来越多，超出了地球上的植物所能吸收的量。于是，大气中的二氧化碳含量逐渐增多，地球表面的温度也就逐渐升高。世界各国讨论的"减排"主要就是针对二氧化碳的排放。因为二氧化碳的排放跟工业生产和与之相对应的生活方式有关，所以二氧化碳成了众矢之的。

除了二氧化碳，对全球变暖影响最大的温室气体是甲烷。跟二氧化碳相比，甲烷的量要小得多：二氧化碳占所有温室气体排放量的 80% 以上，而甲烷占比不到 10%。但是，跟等量的二氧化碳相比，甲烷吸收热量的能力要强得多。如果以100 年为时间段进行比较（即比较甲烷和二氧化碳释放到大气中 100 年后二者的情况），等量的甲烷吸收的热量是二氧化碳的 21 倍。与二氧化碳相比，甲烷在大气中的寿命短得多，大约是 12 年，甲烷在短期内吸收的热量就比二氧化碳多很多。如果比较二者释放到大气中 20 年后的情况，那么等量的甲烷吸收的热量是二氧化碳的几十倍（联合国气候变化框架公约估算的结果是 56 倍，世界观察研究所估算的结果是 72 倍）。

也就是说，甲烷虽少，但对全球变暖的影响很大！

水稻与甲烷

排放到大气中的甲烷的一大来源是现代工业中使用的石油和天然气等，另一大来源是农牧业和垃圾处理——禽畜的呼吸和排泄都会产生甲烷，而掩埋的垃圾也会逐渐释放甲烷。

在农牧业中，水稻是甲烷排放的大户。水稻是世界主要的粮食作物之一，种植面积巨大。水稻吸收利用日光进行光合作用，把二氧化碳转化为蔗糖，传递到水稻的种子、茎叶和根部。水稻扎根于被水淹没的土壤中，水淹隔绝了空气，水稻根部的营养成分会渗出来，使得稻田成了厌氧细菌的乐园，其中有很多细菌的新陈代谢会产生大量的甲烷，最后排放到大气中。

随着人口的增多，粮食的需求量越来越大。一方面需要扩大种植面积，另一方面需要提高单位面积的产量。水稻种植技术的进步，"高产"是核心的方向，但高产往往伴随着密植和提高光合作用效率——产生的糖越多也就可能有越多的糖传递到根部。

人类对大米的需求增加，也就意味着因种植水稻而排放的甲烷增多。

转基因造就"高产低排"的新品种

人口剧增使得粮食问题成为全世界共同面临的挑战。在这一挑战面前，不大可能牺牲水稻的产量去解决甲烷排放的问题，那么有没有既保持高产又减少甲烷排放的办法呢？

科学家们在传统的育种和种植手段上做出各种努力，没有看到希望。作为新兴农业技术的转基因能成功吗？

根据水稻产生甲烷的机理，科学家们考虑到既然甲烷的产生和运送到根部的蔗糖密切相关，那么改变蔗糖在水稻中的分配方式，减少传递到根部的蔗糖量，是不是就可以减少甲烷的产生了呢？

孙传信在瑞典农业大学执教时发现大麦中存在一个SUSIBA2基因，它编码的蛋白质能够调控植物体内糖的代谢。如果在植物的某个组织中这个基因的表达水平比较高，就可以接收更多的蔗糖，从而转化出更多的淀粉。孙传信的研究组和福建省农业科学院的王锋研究组合作，把这个基因转到了水稻中，得到了两个成功的株系。在这两个转基因株系中，SUSIBA2基因在茎和种子中得到了高效的表达。2012年和2013年，这两个转基因株系与其相应的非转基因品种在福州进行了温室试验。结果显示，其中一个株系在扬粉之前，甲烷排放量只有非转基因品种的10%，而扬粉28天后（种子形成期），其甲烷排放量只有非转基因品种的 0.3%。为了验证这两个转基因品种对不同气候的适应性，2014 年在广州、福州和南宁进行了田间试验，依然表现出显著的减排效果。

进一步的分析显示，每粒转基因植株的种子干重平均约为 24 克，而相应的非转基因品种的种子平均重量在 16 克左右。转基因株系的种子中淀粉含量占比达到了 86.9%，而相应的非转基因品种中淀粉含量占比是 76.7%。对于粮食作物，这样的增加幅度是相当显著的。转基因植株的根系干重平均不到 80 克，而相应的非转基因植株的根系干重则超过了 110 克。这也说明，产量的提高是转入 SUSIBA2 基因的功劳，即把许多本来要传递到根部的糖"调控"到了种子中，提高了种子的产量，抑制了根系的重量；根系渗出的营养成分减少了，那些依靠根系渗出的营养物繁衍生息的细菌也就消停了许多。

汽车也需要添加剂了吗

有汽车的人都知道，汽车最基本的保养是每隔几个月要换一次机油。机油是指发动机润滑油，它对发动机起到润滑、清洁、冷却、密封、减磨、防锈等作用。如果没有机油，发动机的磨损将大大加快，甚至难以正常运转。因此，机油被誉为"汽车的血液"。

机油的基础成分是矿物油或者合成的油。发动机内的工作环境非常"恶劣"：首先，发动机内部有许多互相摩擦的金属表面，高速运动造成很大的磨损；其次，发动机内温度变化幅度很大，刚开始是常温，发动之后可达 400~600℃。要让润滑油在如此恶劣的环境中高效工作，再优质的油只靠自己也力不从心。

润滑油添加剂是指加入基础油中、能显著改善基础油的原有性能或赋予基础油某些新品质的化学物质。润滑油添加剂的品种很多，所起的作用也各不相同，按照其作用可分为清洁剂、分散剂、抗氧化剂、极压抗磨剂、油性剂、摩擦改进剂、黏度指数改进剂等。比如，发动机工作时，吸入空气的同时也会吸入一些灰尘，这些灰尘与未完全燃烧产生的物质一起沉积在气门、缸壁上。此外，润滑油在发动机中会不断发生氧化反应，氧化产物也会形成沉积。这些沉积物是油泥，它们不仅影响混合气的燃烧，还会造成发动机内部局部过热，甚至致使活塞环黏结卡滞，导致发动机不能正常运转。抗氧化剂的加入可以减少氧化，从而减少油泥的产生；分散剂可以控制油泥的生成，中和燃烧产生的酸；清洁剂则可以中和酸、增加油泥的溶解性，把油泥分散到油中带走。

机油的作用方式是分散成一层油膜，覆盖在部件表面。油形成膜的能力与黏度密切相关，黏度低易于形成稀薄的油膜，但太低又无法保持油膜的完整。油的黏度与温度密切相关，温度越高，黏度越低。当发动机启动时，需要润滑油黏度较低，从而形成稀薄的油膜迅速到达各个部件，而到了高温时又不能让黏度降低太多以免破坏油膜完整性。黏度指数改进剂是一些高分子化合物，它们的加入能够降低黏度对温度的敏感性，使油的黏度在更大的温度范围内都可以形成完整稀薄的油膜。

润滑油添加剂是油品添加剂的一大类。除了用于汽车润滑油，油品添加剂还可以应用于可生物降解的油品、动力传动液、液压油、脱蜡与脱油、生物柴油等。除了前面所说的这些添加剂种类，降凝剂是另一个重要的类别。

各种矿物油中或多或少都含有一点儿蜡质。当温度下降时，一些蜡质组分会从油中结晶析出，形成小晶体。随着蜡质结晶越来越多，晶体会成长成片状。温度下降到一定程度，这些片状晶体会结合成三维网络，油就失去了流动性。20世纪30年代前，人们对这种现象无可奈何。当时的一种解决方案是在车辆的油箱下方加热。显而易见，这种方法非常麻烦。如果能通过添加一些物质降低油品停止流动的温度，那就方便多了。此类添加剂就被称为"降凝剂"。

但当时没有什么好的降凝剂。直到1931年，才有一种降凝剂被合成出来，其分子中含有线性石蜡基结构。这一进展让科学家看到了希望，更多人投身降凝剂的研究。1937 年，聚甲基丙烯酸酯成为第一个获得专利的聚合物降凝剂。此后，多种多样的合成降凝剂面世，比如小分子的氯化石蜡，中或高分子量的聚合物，如聚丙烯酸酯、丙烯酸酯－苯乙烯共聚物、苯乙烯－马来酸酐共聚物、富马酸－醋酸乙烯酯共聚物。

其实，降凝剂不会改变蜡从液体中结晶析出的温度，也不会减少蜡的结晶。它的作用在于与蜡质发生共结晶，从而改变蜡的结晶模式。由于蜡的晶体被降凝剂分子阻隔，蜡的晶体无法再形成三维结构，也就不会影响流动了。

尽管聚甲基丙烯酸酯是第一种聚合物降凝剂，发明至今已有 80 多年，但它仍是最优秀的降凝剂产品，在全球市场占据领先地位。

新材料让新型支架完成任务后自然消失

心血管疾病是人类健康的大敌。据世界卫生组织估计，2012 年约有 1 750 万人死于心血管疾病，占全球死亡人数的 31%。这些死者中，约 740 万人死于冠心病，670 万左右的人死于中风。

血液在人体内流动，担负着运送营养成分、氧气和代谢废物的重任。和任何液体在管道中的流动一样，血液需要克服血管内在的阻力——在人体内这些阻力由心脏搏动产生的能量克服。如果血管硬化、阻塞，流动的阻力就会变大。如果阻塞发生在为心脏提供血液的冠状动脉中，就可能导致心脏无法正常运转，从而阻碍全身的血液流动，严重时引发心肌梗死。

20 世纪 80 年代，现代医学发明了心脏支架手术。简单来说，就是通过手术在冠状动脉中硬化、狭窄的位置放入一个支架，把缩小的血液通道撑开，使血液能够顺利通过。

这个设想和手术操作都不算困难，最大的挑战是用什么材料制作支架。显然，这种材料至少需要有足够的强度，且无毒无害。经过大量探索，用金属制成的支架终于植入了病人的血管，成功地"撑开"了动脉，解决了动脉阻塞的问题。

但金属支架毕竟是"外物"，不受人体免疫系统的欢迎。对人体来说，金属与血管壁接触的地方是"创伤"，有了创伤就要做出反应，表现出来就是发炎。这种发炎可能导致疤痕组织生长，严重时甚至导致血管重新变窄。为了防止发炎，就需要服药。

第二代心脏支架在金属外面涂了一层含有药物的膜。植入血管后，这层膜上的药物缓慢释放，可以防止发炎，抑制疤痕组织生长，从而保持血管畅通。这是一个很大的进步，但依然存在其他问题，比如膜中的药物总是会耗尽。

实际上，被撑开的血管并不需要支架的长期存在。当血管被支架扩张，血液通畅流过，血管壁上的组织也会生长修复。也就是说，心脏支架植入一段时间后，就完成了它的使命，继续留在血管中不仅无益，反而成为累赘和负担。

但是，要想把它取出，就需要再动手术，这显然不是最佳方案。理想的支架就是撑开血管，待血管完成修复塑形，这个支架就自动消失。这就是第三代心脏支架。

这并非异想天开，它的核心是使用可降解材料制作支架。所谓可降解材料，就是在特定环境中可以自动分解成小分子的材料。用作心脏支架的可降解材料，首先，需要具有一定的机械强度，能够制成足以撑开动脉的支架；其次，需要无毒无害，不引起身体免疫系统的攻击；再次，降解速度符合治疗需要，在动脉中保持支架形态到血管重塑完成，然后逐渐降解成小分子，被身体吸收或者排出体外；最后，降解得到的小分子也要对人体无毒无害。

这一美好的概念自然吸引了无数科学家和医疗器械公司，他们投入了大规模的人力、物力进行研发。目前，用于医疗器械的可降解材料主要有两类：一类是合成聚合物，另一类是镁合金。前者有聚乳酸、聚乙醇酸、聚己内酯等，后者则是以镁为基础，含有锌、锂、铝、钙及稀土等元素的合金。用这些材料制成的心脏支架，可以在几个月内支撑动脉处于扩张状态，实现血管的修复。此后，支架逐渐失去机械强度，在两三年后完全解体排出体外。

目前，可降解心脏支架已经在一些小规模的临床试验中取得了成功。还不能说它就很完美，尤其是和第一代、第二代心脏支架相比，其长期效应还有待更大规模的临床试验来验证。但无论如何，这都是一个很有吸引力的方向。性能更好的可降解材料、设计更精巧的心脏支架将会给病人们带来更好的疗效，并减少使用中的不便。

可降解材料的用途远不止于心脏支架。对任何需要植入人体内但不需要长期保留的医疗器械，它们都有巨大的优势。比如手术缝合，使用可降解材料，手术后就不需要拆线。再如骨伤修复，使用可降解材料进行早期的力学支撑，等到损伤的骨组织修复重建完成后，就不需要二次手术取出，等待它们自己降解消失就可以了。

有机养殖中能不能用合成添加剂？蛋氨酸说不

人类对肉、蛋、奶的需求量越来越大。一方面的原因是人口的增长，另一方面的原因是经济的发展——生活水平的提高使得每个人的需求也大大增加。因此，肉、蛋、奶的需求增长远远超越了人口的"爆炸"。

对工程师来说，生产肉、蛋、奶的农场和工厂并没有本质区别。农场就是工厂，动物就是机器，饲料就是生产原料，而肉、蛋、奶就是产品。生产技术的核心是如何高效地把原料转化为产品，"转化率"自然就是一个核心指标。转化率越高，排到环境中的粪便与气体越少，对环境的影响也就越小。除了物质的转化率，还有经济方面的转化率。如果投入的饲料成本比肉、蛋、奶的价格还高，那么再高的物质转化率也没有意义。保证饲料的低成本是养殖技术的另一个关键。

动物的生长就是饲料转化为产品的过程。最理想的转化过程自然是动物需要什么，饲料里就提供什么——吃进去的东西都转化成肉、蛋或者奶。

这个理想的转化过程在现实中当然无法实现，养殖技术的发展就是不断地朝着这个方向努力。尤其是现在的养鸡技术，从鸡饲料到鸡肉、鸡蛋的转化已经到了令人惊叹的程度。人们对不同种类的鸡在不同的生长期对各种营养成分的需求都已经掌握相当精确的数据。优质的鸡种，喂以按需设计的饲料，可以轻松做到6周出笼。即使是传统品种的鸡，按照"有机方式"喂养，只要给它们提供的饲料满足营养需求，也会比"乱吃"的鸡生长得更快、更壮。

但饲料不是婴儿配方奶粉，人们不可能不计成本地使用最好的原料去做配方。现实中能够用作饲料的原料，如玉米、豆粕，都无法单独满足动物的生长需求。在适当的搭配下，碳水化合物、脂肪、蛋白质这三大营养成分的总量，以及维生素、矿物质等微量营养成分，都不难达到，但要得到高转化率的饲料还需要恰当的氨基酸组成。不管是肉、蛋还是奶，我们追求的核心成分都是蛋白质。饲养动物，关键的转化是把饲料中的蛋白质转化成肉、蛋、奶中的蛋白质。蛋白质由 20 种氨基酸组成，动物吃下饲料，把其中的蛋白质消化成氨基酸，运送到细胞中，再重新合成蛋白质，最后以肉、蛋、奶的形式生产出产品。这个过程中，氨基酸就像积木的一个个组件。除了组装成蛋白质，还有一些氨基酸会发挥生理功能。缺乏了这些氨基酸，不仅蛋白质的合成受阻，动物的生长也会受到抑制。这也就是排除鸡种因素，传统放养的鸡生长缓慢的原因。

对于鸡在不同的生长期需要什么样的氨基酸组成，人们已经相当清楚。饲料设计的一个核心目标就是尽可能地让饲料中的氨基酸组成接近鸡的生长需求。但是，常见植物蛋白的氨基酸组成都与动物的生长需求相差甚远，有的多了，有的少了。氨基酸进入动物体内之后，跟需求相比，比例最低的那种氨基酸就成了瓶颈，其他种类的氨基酸只好成为"富余"，无法合成蛋白质，最后变成含氮废物排出。这一方面增加了动物的代谢负担，另一方面增加了废物处理的环境负担。

不同的蛋白质由不同的氨基酸组成，一种蛋白质中比较缺乏的氨基酸可能在另一种蛋白质中比较丰富。通过适当搭配不同的蛋白质，有可能让总体的氨基酸组成更接近需求。在实际生产中，玉米和豆粕的搭配是目前最常见的。首先，二者的成本都不算高；其次，玉米和豆粕的氨基酸能实现一定的互补，总体组成更加接近鸡的需求。

在各种氨基酸中，蛋氨酸和半胱氨酸是含硫氨基酸，后者可以在动物体内由蛋氨酸转化而来。所以，饲料中足够的蛋氨酸比例对于鸡的生长或者产蛋有着至关重要的影响。玉米和豆粕的搭配在满足其他氨基酸的比例需求方面比较理想，而蛋氨酸的比例就比较低。于是，蛋氨酸就成了饲料中的"限制性氨基酸"，其他氨基酸受限于这个瓶颈就不能被利用。

要提高蛋氨酸的比例，当然可以加入蛋氨酸含量高的蛋白质，但是常见的富含蛋氨酸的蛋白质（如鱼粉、牛奶蛋白）的价格都不低，供应量有限，而且鱼粉加多了还会影响肉的口味，都不是很好的方案。于是，化学合成的蛋氨酸就有了大显身手的舞台，化学工业可以经济实惠地合成高纯度的蛋氨酸，把它加入饲料可以轻松地消除其瓶颈效应，让其他氨基酸得以被充分利用。氨基酸的利用率提高，成为粪便或者气体排出的氮随之减少，这对于注重环境效益的国家或地区具有明显的社会效益。比如欧洲，大量土地氮含量超标，地下水承受着越来越重的硝酸盐负担。如果合理利用蛋氨酸，就可以大大减缓这种趋势。

一般而言，有机养殖拒绝各种合成的饲料添加剂，但是由于合成的蛋氨酸带来的好处显而易见，美国批准将其用于有机饲料。

水果敷脸是原生态的果酸护肤吗

有许多爱美女性喜欢用水果敷脸，认为水果中有果酸，有助于美容护肤。果酸的确是许多美容护肤品中的功效成分，水果中的天然果酸也就有了强大的吸引力。那么水果中的果酸真的能美容护肤吗？

顾名思义，果酸是来自水果的酸。在化学结构上，它并不是一种特定的物质，而是各种阿尔法羟基酸的统称。不同来源的果酸分子大小不同，最小的叫作乙醇酸，甘蔗中比较多；比它稍大一点儿的是乳酸，酸奶的酸味就来自乳酸；其他果酸，如柠檬酸、苹果酸，分子量就比较大了。

过去几十年来，护肤品行业认为果酸能够对皮肤产生多种有利影响，于是把它加入美容护肤品中。护肤品的功效宣传不像药品和食品那样受到严格监管，所以基本上是靠客户的"相信"来支撑的。许多人的使用经验显示"有效果"，也就引起了科学界的关注。在护肤品行业的推动下，也就有了一些研究来验证果酸对皮肤的影响。

1996年，宾夕法尼亚大学学者在《美国皮肤病学会杂志》上发表了一项随机对照研究的研究成果。研究人员将17位有皮肤光老化症状的老人分为3组，分别用浓度为25%的乙醇酸、乳酸和柠檬酸乳液涂抹他们的胳膊。每个人只涂抹一只胳膊，另一只作为对照。这种"自我对照"的试验能够最大限度地排除个体差异的影响，因此在样本量不大的情况下也可以得到比较有统计意义的结果。研究人员在6个月后观察老人们的皮肤状态，还获得了8位具有奉献精神的志愿者提供的小块皮肤来做显微观察。结果发现，用果酸处理的皮肤平均增加了25%的厚度，表皮层和真皮层均有所增加。在这项试验中，这3种果酸没有体现出差别。深入的分析显示，果酸破坏了角质细胞之间的连接，促进了胶原蛋白和糖胺聚糖的合成。

该杂志同年还发表了另一项研究成果，用5%和12%的乳酸处理皮肤3个月，结果也是皮肤的多项指标有可见的改善。

这类研究还有一些，结果基本上都是涂抹于皮肤的果酸能够改善皮肤的一些指标。一般认为，这是因为果酸分子小，能够穿透皮肤。在皮肤的角质层，钙对于细胞间的连接至关重要，而进入皮肤的果酸与钙的结合能力很强。当果酸夺取了角质细胞间的钙时，就打破了细胞间的连接，加速角质细胞的脱落，用护肤品行业的术语来说，就是"去角质"。这一过程又会促进新皮肤细胞的生成，从而增加皮肤的厚度。

果酸分子的穿透能力跟分子大小密切相关。分子最小的乙醇酸和乳酸具有更强的战斗力，因而在护肤品行业格外受宠。

不过，在使用中人们也发现果酸可能会增强皮肤的敏感性，导致皮肤更易被晒伤。2003 年的一项研究比较明确地展示了这一影响，试验使用浓度为 10% 的乙醇酸乳液，把 pH 值控制在 3.5。在志愿者的后背上选取三块皮肤，两块分别用该乳液和安慰剂处理，另一块作为对照，每周涂抹 6 次，共持续 4 周。然后用紫外线照射，逐渐增大强度直到皮肤上出现红斑。结果显示，用安慰剂涂抹的皮肤和不做任何处理的皮肤，出现红斑的紫外线强度没有明显差异，而用乙醇酸乳液涂抹过的皮肤出现红斑的紫外线强度比它们低了 18%。此外，在相同强度的紫外线照射下，还检测了晒伤细胞的数量，结果是用安慰剂涂抹和不做任何处理的皮肤没有明显差异，涂抹乙醇酸乳液的皮肤中晒伤细胞的数量则是它们的 1.9 倍。这说明果酸的确使得皮肤更容易被晒伤。好在这一影响是暂时的，停止使用乙醇酸乳液一周之后再进行检测，皮肤已恢复正常。

这一研究结果足以引起 FDA 的重视。美国化妆品行业评估成分安全的自治组织——化妆品成分评审专家小组对果酸潜在的副作用进行了深入的评估，认为如果满足以下三条，果酸就不会明显增强皮肤的敏感性：果酸含量不超过 10%、产品的 pH 值高于 3.5，以及产品通过配方实现防晒功能，或者在包装上告知消费者使用期间要采取防晒措施。如果果酸含量超过10%，pH 值低于 3.5，对皮肤的影响会显著增加，就应该由专业人士来施用了。

FDA 采纳了这一评估结果，在 2005 年发布了一个含果酸化妆品的标签指南，要求在产品上注明："本产品含有阿尔法羟基酸（AHA），可能会增加你的皮肤对阳光的敏感性，尤其是被太阳晒伤的可能性。使用该产品期间及之后的一周内，应使用防晒霜、穿防护服并避免暴晒。"

在天然果酸中，分子小、效果好的乙醇酸和乳酸分别来自甘蔗和酸奶，而水果中的果酸分子都比较大。此外，这些天然果酸的果酸含量也不是那么高，直接把酸奶涂在脸上，乳酸含量只在 5% 左右。女士们用来敷脸的水果，即使有效，效果也有限。当然，这也意味着增加皮肤敏感性的可能性也不大。水果敷脸，仅可作为一种生活的情趣与游戏，真要起到护肤的作用，可能还得使用专业的商品。

面膜竟成细菌培养皿？你被吓坏了吗

网络上有一个关于面膜的段子流传很广："今天一女生告诉我，生命科学院院长的一场演讲彻底改变了她。院长说：我就不明白你们女生为什么喜欢敷面膜，不知道胶原蛋白大分子不能被皮肤吸收也就算了，那厚厚一层不就是在脸上抹了层培养基吗？还一敷敷半小时，皮肤表面的各种细菌都高兴坏了，等你敷完都四世同堂了。"

"胶原蛋白不能被吸收"倒还无所谓，"细菌四世同堂"秒杀大批爱美女性。敷面膜是许多女性的生活必修课，而这个段子瞬间让她们手足无措，这简直堪称"面膜危机"。

有没有一位生命科学院院长这么说过已经无从考证。虽然这段话并非无中生有，但最吓人的部分并不是事实。首先，细菌固然可以在面膜上生长，但面膜远非细菌生长的最优环境。在商品化的面膜中，一般都会有防腐成分。在面膜的保存过程中细菌难以生长，放到脸上的半小时中也不会那么适合细菌生长。即使是没有添加防腐剂的自制面膜，也不会比一碗粥或者一盘水果在桌子上放半小时更适合细菌生长。其次，"细菌四世同堂"固然是个调侃的说法，而且即使细菌分裂了四次，也只是增加了十几倍。细菌数的增减通常以几个数量级来衡量，十几倍真的算不了什么。最后，即使是在最优条件下，即最佳温度、最合适的培养基组成和细菌生长最旺盛的时间段，生长最快的细菌也需要十几分钟才能增殖一倍。即使是没有添加防腐剂的自制面膜，与"最优条件"也相距甚远。因此，细菌在半个小时内不会增加太多。此外，细菌无处不在，人体本身也是细菌生长的乐园，一个成年人身上和体内的细菌加起来有几斤重，总数比自身的细胞数还要多。只要不是伤口感染或者摄入致病细菌，细菌的存在本身并没有多么可怕。

也就是说，"面膜危机"完全是一场无端制造的恐慌。

毫无疑问，化妆品、护肤品和保健品行业都存在大量的虚假宣传。尤其是护肤品，本身并不要求有效才可以销售。只要没有明显危害，依靠成功的营销，想象中的功效就可以卖出好价钱。对于那些科学常识可以否定的"功效"，应该加以批驳；对于那些没有科学证据支持的"想象"，也应该指出。但是，为了反对虚假宣传，就通过歪曲科学事实制造耸人听闻的说法，也无益于公众。

比如面膜，鼓吹补充胶原蛋白是欺骗，完全可以用科学常识来否定。其他一些活性成分，比如减少黑色素分泌的小分子，是否有效需要科学证据，它们"是否真的有用"基本上取决于消费者是否相信厂家。而面膜在敷的那段时间内，在皮肤表面制造了一个相对封闭的环境，这个环境中有充足的水分，还有一些"可能有效"的活性成分，这些水分和所谓的活性成分在这段时间内与皮肤充分接触，对于表皮角质层或者真皮的状态是否有所帮助，用科学常识无法判断，大概也只能靠消费者自己去体验了。

但是，只要它不含刺激性、过敏性的成分，也就很难有什么危害——如果浪费钱不算危害的话。因反感商家的忽悠而用"细菌增加多少"来吓唬公众，也是一种忽悠。

橄榄油护肤靠谱吗

橄榄油被认为是一种健康的食用油。除了单不饱和脂肪酸含量高使得它在组成上有一定优势外，冷榨橄榄油中还含有较多的维生素 E 及其他多酚类化合物。这些微量成分使得冷榨橄榄油具有一定的抗氧化能力。除了食用，许多人还用它来涂抹皮肤，也有许多护肤乳液中使用了橄榄油，宣称它具备普通油不具有的美容护肤功能。

这样的理念和宣传并不新鲜。在远古的欧洲，人们就用橄榄油来抗皱、保湿、护肤。油本身就有助于保湿，而其中的抗氧化剂在外用的情况下对于紫外线等氧化损失也有一定的抵抗作用。因此，有人觉得橄榄油护肤品有效并不奇怪。

不过，古人的经验往往只是主观感觉，传说中的功效经常是信则灵的结果。要想确切知道它是否有效，还需要用现代科学方法来检验。

橄榄油对皮肤有益吗

有很多研究评估过橄榄油对皮肤保护的影响。比如 2008 年的《儿童皮肤病学》（*Pediatric Dermatology*）杂志上就发表过澳大利亚的一项随机对照试验报告，研究早产儿皮肤的护理。在试验中，173 个早产儿被随机分成 3 组，一组使用市场上的某种专用软膏，一组使用 30% 橄榄油和 70% 羊毛脂制成的乳液，另一组不使用任何产品做对照。在实验开始后的 2~4 周内，在不知道所评估的婴儿属于哪一组的情况下，由评估者对这些婴儿的皮肤状况进行打分。结果是，使用橄榄油乳液的那一组婴儿皮肤状态最好，对照组最差。这样的实验能够说明使用由橄榄油和羊毛脂制成的乳液比什么都不用要好，也能说明它比另一组使用的那个"伴读生"优秀，但对于橄榄油是不是像传说中的那样"特别有效"，依然无法得出结论。

如果只有这项研究，那么也还可以说"聊胜于无"，橄榄油乳液即使不那么有效，也不会更糟。但 2013 年发表于该杂志的另一项研究报告对上述结论造成了严重冲击，该研究的目标是比较橄榄油和葵花籽油对皮肤的影响。19 位皮肤正常的成年志愿者被分成两组：第一组每天在一只胳膊的前臂上涂抹两次橄榄油，每次6滴，另一只则不涂抹，持续5周；第二组每天在一只胳膊的前臂上涂抹两次橄榄油，在另一只胳膊的前臂上涂抹两次葵花籽油，都是每次6滴，持续4周。最后，通过测定角质层完整性和凝聚力、保湿性、皮肤表面的pH值及红斑等指标评估皮肤状态。结果发现，涂抹橄榄油破坏角质层的完整性，导致了轻度红斑，而葵花籽油则保持了角质层的完整性，没有引起红斑。因此，研究者认为，橄榄油会损害皮肤的屏障作用，不应该用于干性皮肤和婴儿按摩。

就科研证据的强度而言，这两项都只能算是初步研究，不能算作证明或者否定了橄榄油对皮肤的作用。考虑到婴幼儿的承受能力比较低，如果从谨慎角度出发，那么第二项研究所提出的建议更值得重视。

不过，对爱美女性来说，更关心的大概是橄榄油是否有助于祛斑之类的问题。比如很多护肤产品就使用了橄榄油，宣称可以预防或者改善妊娠纹。

去除妊娠纹，橄榄油无能为力

妊娠纹产生于皮肤中间的真皮层。真皮层中有胶原蛋白和弹性蛋白，因而具有弹性，能起到保持皮肤形状的作用。但是，如果真皮过度变形，或者变形持续时间过长，就可能导致真皮层断裂，从而出现斑纹。在怀孕过程中，胎儿在体内不断生长使得孕妇腹部皮肤受到持续性牵拉，就很容易形成这样的斑纹，即妊娠纹。除了怀孕，其他导致皮肤持续拉伸的因素，也可能形成这样的斑纹。比如短期内体重大幅增加的男性，同样可能出现这样的斑纹。

早期的妊娠纹呈浅红色，后逐渐转为白色。据统计，有50%~90% 的女性在怀孕中会出现妊娠纹。它的存在会给许多女性带来心理上的不安，也就使得预防和治疗妊娠纹具有格外强的吸引力。

由于护理皮肤的悠久历史，"治疗妊娠纹"也就成了橄榄油及含有橄榄油的乳液产品的卖点之一。可惜这基本上只是都市传说，一直没有得到临床试验的支持。2012 年 11 月，循证医学系统评价资料库（CDSR）发表了一篇综述，总结了能够找到的 6 项用各种乳液处理妊娠纹的医学试验结果，试验人数大约有 800 人。结果令人失望，含有橄榄油、可可脂等各种常见功效成分的乳液与不含有功效成分的安慰剂及不做任何处理相比，在统计学上没有差别。这个结果通俗地说就是：不管是用橄榄油还是用安慰剂，抑或是什么也不用，都是有的人会长妊娠纹，有的人不长。用统计工具进行分析的结果是：长不长妊娠纹、长得多严重跟用不用乳液及用什么乳液都没有关系！

当然，正如综述的作者所指出的那样，这些研究的规模有限，设计也不完全严格，要对橄榄油与妊娠纹的关系做出更确切的描述，还需要更大规模的进一步研究。我们只能说，基于目前的证据，用橄榄油预防和治疗妊娠纹只是没有科学证据支持的美好愿望。

蜂王浆对人类有用吗

蜂王浆是一种很神奇的东西，在全世界都有很强的号召力，尤其是在中国，它几乎是高级补品的形象大使。它到底有什么与众不同之处？那些神奇的作用靠谱吗？

蜂王浆中有激素吗

蜂王浆是工蜂分泌的物质，用于喂养蜜蜂的幼虫。如果幼虫没有被选作未来的蜂王，供给就会比较有限，而且早早"断浆"，幼虫最后就成为工蜂。而对于成为"王位继承人"的幼虫，这种物质的供应就很充足且终生不断。"蜂王浆"的名称由此而来。与工蜂相比，蜂王的成熟期短——平均在半个月左右，而工蜂则需要 20 天以上；蜂王的寿命长——可以活几年，而工蜂则只有几十天的寿命；蜂王有生殖能力——每天可以产下几百枚卵，而工蜂一般终生都不能产卵。

基因是相同的，仅仅因为吃的东西不同，就长成了完全不同的形态。这种现象在自然界即便不是绝无仅有，也是非常罕见的。多年来，人们相信蜂王浆中含有某种"蜂王决定物质"，或者促进生殖系统成熟的性激素。不过，经过多年的寻找，都没有发现它们的存在。直到二三十年前，随着分析检测技术的进步，才有人在其中检测到了睾丸激素的存在。不过浓度实在太低，一毫升纯的蜂王浆中的睾丸激素含量只有人体中正常含量的百万分之一到几十万分之一，这样的浓度没有显示出生物学活性。

为什么蜂王浆中没有发现有实际意义的性激素，却又对蜂王的形成有如此明确的作用？是还有人类尚未发现的"未知性激素"，还是其中的常规物质"协同作用"产生了这样的结果？比如，2005 年有一项日本的研究就宣称发现蜂王浆能与雌激素受体结合，从而产生微弱的雌激素作用。过去的几十年，科学家们提出了各种假说，不过没有一种取到明确的证据。

蜂王浆如何决定蜜蜂成为蜂王还是工蜂

直到 2011 年，这一问题才得到了初步解决。日本科学家发现，新鲜的蜂王浆中有一种叫作蜂王蛋白（Royalactin）的蛋白质，能促进生长激素的分泌，进而调控一系列基因的表达。但是这种蛋白质不稳定，在保存过程中会降解。摄入新鲜蜂王浆的蜜蜂幼虫发育成了蜂王，而摄入放陈了的蜂王浆的幼虫则发育成了工蜂。

2015 年，美国学者发表了另一项研究成果，显示蜜蜂幼虫发育成蜂王，不仅与吃蜂王浆有关，还与不吃蜂蜜和花粉有关。在植物中广泛存在着一种叫作"对香豆酸"的小分子物质，它存在于蜂蜜和花粉中，但不存在于蜂王浆中。蜜蜂幼虫吃了这种物质之后，就会改变一系列基因的表达，比如启动解毒与增强免疫力的基因，从而能够对抗蜂蜜和花粉中的有毒物质。但这种物质又会抑制卵巢等生殖系统的发育。摄入加了对香豆酸的蜂王浆的蜜蜂幼虫，它们的卵巢就不如摄入常规蜂王浆的蜜蜂发育得完善。

蜂王浆对其他动物有类似作用吗

发现蜂王蛋白对蜜蜂发育的作用之后，日本科学家也用它喂食果蝇，惊奇地发现它对果蝇也有对蜜蜂类似的活性。这说明，它对身体生长和生殖发育的作用并不限于蜜蜂，对其他物种也可能发挥调控基因表达的作用。

在此之前，科学家们已经拿蜂王浆喂过其他高等一些的动物，也观察到了促进生殖的作用。比如摄入蜂王浆的兔子，生殖能力和子宫发育更好一些。1978 年发表的一项研究是给鹌鹑喂食大量的蜂王浆干粉，结果鹌鹑的成熟期缩短，下蛋更多。这一现象在母鸡中也得到了验证。

它对于人的影响会怎样呢？传说它能够提高精子和卵子的质量，从而增强生育能力。不过在学术文献数据库里，只能找到一项埃及针对不孕人群的小规模研究，结论是服用蜂王浆和蜂蜜混合物把怀孕比例从对照组的 2.6% 提高到了 8.1%。从科学证据的角度，要做出蜂王浆能够帮助不孕人士怀孕的结论，这样的一项实验还远远不够。因此，蜂王浆对人体生殖系统有什么样的影响，也是"没有证据做出判断"。

蜂王浆靠什么对人"保健"

蜂王浆的广告总是喜欢列出它含有多少种营养成分及其含量，用以论证它具有极高的营养价值，但是这类数据几乎没有任何实际的意义。人体需要的不是多少种营养成分，而是每种成分的量有多少。考虑到蜂王浆的服用量——不会有人像蜂王一样把它当作"主粮"，这些列出来的营养成分都可以很方便地从常规食物中获得，迄今为止也没有证据表明补充这些成分能够带来传说中的那些作用。"决定蜂王形成"的蜂王蛋白对于蜜蜂当然没有问题，但人类吃的蜂王浆一般都经过加工并且储存了相当长的时间，即使这种蛋白对于人类也有同样的活性，在人们吃到蜂王浆时也很可能已经降解掉了。而基于对香豆酸的作用机理，对人毫无意义——蜂王只吃蜂王浆，所以能够避免摄入对香豆酸，而人只是把蜂王浆作为补品，依然会从常规食物中摄入许多对香豆酸。而且，对香豆酸本身是一种抗氧化剂，能够清除自由基，在一些研究中还显示出了抗癌活性。

因此，如果说蜂王浆有什么神奇作用的话，只能源于我们还不清楚的成分，或者已知成分中我们所不清楚的作用。要验证这些作用的存在，必须用蜂王浆来做实验。实际上，这样的实验还真有很多，尤其是在 20 世纪五六十年代，这样的研究层出不穷。然而，很多实验都被认为有设计上的缺陷，因而结论不太靠谱。目前，只有"帮助降低胆固醇"有稍微好一些的"初步证据"。而对于"消炎""调节免疫""促进伤口愈合"等，虽然有一些初步证据，但是有效物质被吃到体内未必能够保持活性，也就很难确定。

传说中蜂王浆的功效太多了。到现在，现代科学虽没有否认它们的存在，但也没有找到证据来支持。蜂王浆到底有没有用，也就只能依靠"相信"去回答。

从古偏方到现代神药，青霉素经历了什么

在漫长的历史长河中，人类在绝大多数时间内都对各种病菌感染束手无策，一旦感染，基本上就只能死马当活马医、听天由命了。肺炎、淋病、风湿热、伤口感染差不多都可以算作不治之症。

当然，古人也找到了一些偏方来处理感染。比如，古埃及人用发霉的面包做成药糊，涂在伤口上，有时候也能碰巧"有用"，古希腊、印度、俄罗斯等地也有类似的用发霉的东西来处理伤口的做法。就跟传统医学一样，这些方法时灵时不灵，不知道是真的灵还是仅仅出于运气好，更不知道它为什么灵或者为什么不灵。

到了 20 世纪初，人类对细菌的研究已经比较深入。英国伦敦圣玛丽医院有位细菌学教授，名叫亚历山大·弗莱明，他当时研究葡萄球菌。1928 年 9 月 3 日是人类医学史上一个值得纪念的日子，弗莱明在他的葡萄球菌培养皿中发现了一块长霉的地方，其周围没有葡萄球菌的生长。他认为是那些分泌的物质抑制了葡萄球菌的生长。

这种霉菌后来被命名为"青霉菌"，它分泌的物质被命名为"青霉素"（Penicillin，早期音译为"盘尼西林"）。弗莱明对它进行了进一步的研究，发现它能够杀死多种致病细菌，如

链球菌、脑膜炎球菌及白喉杆菌等。

弗莱明让他的助手分离出青霉素。他们发现，青霉素不稳定，只能得到杂质很多的粗提物。1929 年 6 月，弗莱明在《英国实验生理学杂志》(*British Journal of Experimental Pathology*) 上报道了这一发现。在论文中，他提到青霉素在医疗上的可能用途。不过，由于没有实现青霉素的分离、纯化，这仅仅只是一种猜想。弗莱明认为，青霉素的主要用途是在细菌研究中，可以依据对青霉素是否有抗性来对细菌进行筛选。这种用途虽然没有治病救人那么有商业前景，但也足够吸引人们对它进行研究。然而，可惜的是那个时代的研究者都没能分离、纯化出青霉素，它的前途也就因此蒙上阴影。

10 余年之后，也就是 1939 年，牛津大学威廉·邓恩爵士病理学院的霍华德·弗洛里和恩斯特·钱恩投入了巨大的资源来分离青霉素。他们雇了一个被称为"青霉素女孩"的小组来负责培养青霉菌，一周产生的青霉滤液多达 500 升。

同时，牛津大学的生物化学教授诺曼·希特利开发出了纯化青霉素的工艺。他先用乙酸戊酯提取青霉素，再把它溶解到水中。另一位生物化学家爱德华·亚伯拉罕则找到了用柱层析去除杂质的方法。

1940 年，弗洛里用老鼠进行了试验，显示青霉素能够保护老鼠抵抗葡萄球菌的感染。1941 年 2 月 12 日是青霉素历史上的一个里程碑——第一次临床试验。一位 43 岁的警察成了第一位接受青霉素治疗的病人。他的嘴被玫瑰划伤之后，导致眼睛、脸和肺部感染脓肿，已处于生命垂危的境地。幸运的是，在注射青霉素之后，他的症状明显好转。不幸的是，由于没有足够的青霉素跟上，他的生存希望只维持了几天，最终还是破灭了。

但这一试验为抗击细菌感染带来了曙光。后来，又有一些临床试验显示了青霉素的潜力。可惜那时"二战"正打得难解难分，虽然也有一些医药公司试图开发生产青霉素，但进展极为缓慢。要想让它成为常规药物，还需要生产大量产品和进行更多临床试验来确定疗效。但当时，英国化工行业几乎全部为战争所征用，没有多余的资源生产青霉素。

1941 年，弗洛里和希特利远走他乡，到没有经历战争的美国寻找机会。几经辗转，他们找到了北方地区研究实验室（Northern Regional Research Laboratory，NRRL）作为合作伙伴。这个实验室地处伊利诺伊河畔的偏僻小城皮奥里亚，具有先进的发酵技术。

弗洛里和希特利在实验室里生产青霉素，规模小、产率低，要想投入大规模生产，从青霉菌的培养到青霉素的纯化都需要脱胎换骨的改进。NRRL 也的确没有辜负信任。实验室主任奥维·梅非常重视，让发酵部主管罗伯特·科格希尔领导攻关。借助丰富的发酵经验，他们很快发现：在培养基中用乳糖代替蔗糖可以大幅提高产率。接着，又发现在培养基中加入玉米浆，产率能够提高 10 倍。此外，他们还发现，直接加入青霉素合成的前体，产率还会进一步提高。

之前的青霉菌培养需要让细胞附着在固体表面，这大大限制了青霉菌的产量。NRRL 攻克了悬浮培养的难关，让青霉菌待在培养基的液体中，这使得培养效率大大提升。但是，弗洛里所提供的青霉菌株不适合悬浮培养，于是 NRRL 在世界范围内筛选青霉菌株。他们从世界各地收集土壤，分离出其中的青霉菌，检验它们在悬浮培养中的活力。有趣的是，最后在从皮奥里亚水果市场买的发霉甜瓜上找到了最高产的菌株。后来，卡内基研究所用 X 光对其进行突变处理，又提高了产率。再后来，威斯康星大学用紫外线对其进行照射，产率得到了进一步提高。

有了足够数量的青霉素，就可以进行更多的临床试验。经过许多成功的临床试验，青霉素很快被用于医疗，一些大医药公司也投入青霉素的商业化生产中。1943 年，美国共生产了210 亿单位的青霉素；1944 年，产量达到了 1.66 万亿单位，比前一年增加了近 80 倍；到了 1945 年，产量更是达到了 6.8 万亿单位。美国政府也因此取消了对青霉素的控制，使得它像其他药物一样通过常规的销售渠道自由销售。

　　1945 年，弗莱明、弗洛里和钱恩因在青霉素上的贡献而分享了诺贝尔生理学或医学奖。青霉素的生产能力也越来越强，到 1949 年，仅美国的产量就达到了 133 万亿单位。相应地，它的价格也越来越低，10 万单位的青霉素的价格在 1943 年是 20 美元，到 1949 年只需要 10 美分了。

第四章

比微米还小的世界，
有着别样的精彩

界面的世界很精彩，不无奈

多数人都吹过肥皂泡，五彩斑斓的泡泡是如何形成的？每个人都会洗衣服，洗衣粉如何去掉污渍？大家都吃过蛋糕，蛋糕的蓬松感又从何而来？还有，冰块化成了水放回冰箱会重新冻成冰，为什么冰激凌化了之后再放回冰箱却无法恢复原来的质感？

这一切都可归结到同一因素：界面。

不能互相融合的物质放在一起会形成界面，比如水和油、空气和水。无论怎么搅和，水和油之间都存在一个界面，而无法像酒精和水那样混为一体。空气在水里只能形成气泡，永远也无法像氨气那样被水吸收。空气和水之间也会形成一个界面，在界面科学里通常被特别地称为"表面"。

当这样的界面存在时，界面上的物质就处在一种和它们的同胞不同的环境中，也就有了不同的需求和行为。在一杯水里，水和空气的界面只是杯子的横截面，总共只有可以忽略的一小撮水分子处在界面上，它们再折腾也搞不出什么事来。如果这一杯水（假设200克）被分散成直径一微米大小的水滴，那么总面积就是 1 200 平方米，就会有大量的水分子处在界面上。所谓三人成虎，这么多水分子处在相同的境地，发出同样的呼声，即使不能翻天覆地，至少也危害安定团结。

当组成物质的颗粒小到纳米程度时，就会产生许多新的特性，这就是纳米技术。当不相融的物质之间存在大量界面时，就会产生"界面现象"。我们每一天都在接触着各种界面现象，可以说，在物质的界面上存在着一个不同的世界。这个界面上的世界，其实也很丰富多彩。

如果太空里有一团水，会是什么形状

我们知道，一团水不会乖乖地待在空中，它会掉到地面上来，因为地心引力会把它"吸"下来。如果到了太空里（比如在宇宙飞船里），没有了重力，它就能够待在空中了。那么，当它待在空中时是什么形状的呢？

让我们看看组成这团水的水分子们吧。

先来看水团内部的分子，它们的周围全是同胞，没有语言障碍，喜欢玩同样的东西。因此，它们待得很舒服，不愿意到处乱跑，最多就是四处转转，没有搬家的想法。

再来看那些界面上的分子，一面是同胞，另一面是外族

（空气分子）。水分子和空气分子语言不通，爱好也不一样，它们不喜欢在一起玩。所谓"不是一家人，不进一家门"，空气分子对水分子显然不友好。即使友好，其吸引力也赶不上同胞的吸引力。所以，界面上的分子都倾向于搬到同族内部去。水分子们没有受过文明礼貌的教育，只知道自己舒服，每一个都拼命往里挤。显然，这样挤的结果就是界面尽可能地减小。对固定体积的水来说，球的表面积是最小的，所以这一团水会很快形成一个球。如果空气中的水蒸气气压低于饱和蒸气压，那团水就会慢慢蒸发，逐渐变小；如果空气中的水蒸气达到饱和（比如浴室里的湿度），那团水就会保持球形不变。任何流体物质表面上的分子都有使其表面减小的趋势，导致表面减小的力就是表面张力（见图7）。

图8是解释表面张力的一个理想实验。一个光滑的金属框，有一边是可以自由滑动的。把这个框在水里浸一下，框上就形成一层水膜。水膜有上下两个表面，根据前文所说，表面上的水分子有使表面减小的倾向，所以必须施加一定的力 F 才能对抗这个力从而保持住水膜面积。显然，力 F 的大小与边的长度 l 成正比。而这个比例是水的一种基本性质，与力 F 和边的长度 l 无关。在界面科学里，这个比例被定义为表面张力，它的单位是牛顿/米。由于表面张力的值比较小，通常用的单位是毫牛顿/米，写作 mN/m。

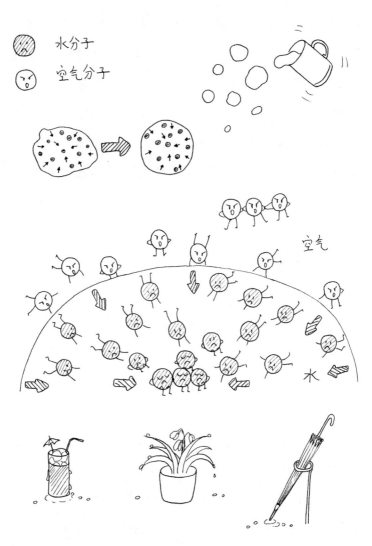

图7　表面张力

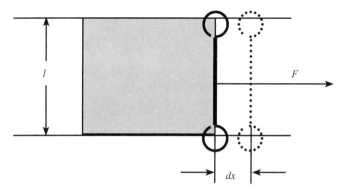

图 8 表面张力实验示意图

继续看图 8，如果我们用稍稍大于但无限接近 F 的力把那个边移动一点儿距离 dx，这样我们对这个水膜做功增加了它的表面积 $l \cdot dx$。我们做的功是 $F \cdot dx$，应该等于水膜增加的表面能。把所做的功除以增加的表面，得到的是 1 平方米表面积所具有的表面能。做一下简单换算，会发现这个单位面积的表面能（焦耳／平方米）正好等于前面得出的表面张力。这是一件非常美妙的事情，看起来完全不同的两个物理量，竟然是相同的。实际上，把表面张力的单位（牛顿／米）分子分母同乘长度（米），得到的就是焦耳／平方米。在热力学上，表面张力有更为严格的定义，不过除了教科书一般很少提到。

除了空气和水之间的界面，任何不相容的两种流体界面上都存在这种力，比如油和水。如果一种是气体，另一种是液体，就叫作表面张力（大家看不到空气，所以认为表面是液体的表面）；如果两种都是液体，就叫作界面张力（两种液体之间自然没有一个"表面"）。在非学术场合，人们往往不做这种区分，一律叫作"表面张力"。

再回到太空中的那一团水，作为一个圆球的时候，表面能是其表面积乘以水的表面张力（0.072 焦耳/平方米），大约是0.001 2 焦耳，而分散成直径 1 微米的水滴之后，表面能变成了87 焦耳。也就是说，需要外界加入至少 87 焦耳的能量，才能把一杯水分散成那样的小水滴。考虑到实际上只有很少一部分能量能够转化成表面能，所需要的能量要大得多。在生活中，我们要用喷雾器那样的装置来实现。

表面张力的大小当然不能用这个理想实验来测量。理想实验嘛，是用来思考而不是用来做的。测量表面张力并不复杂，有很多原理很简单、操作也不复杂的装置可以相当精确地测量出表面张力。科学的魅力在于，这些方法几乎没有相同之处，测出的数值却是完全相同的。

让我们再来做一个实验，拿一根滴管，吸满水，慢慢地挤。我们会看到有一滴水出来，但不会掉下来。那滴水也受到地球的重力吸引，为什么不掉下来呢？原来当重力吸引水时，把水滴的形状拉长了。这么一拉长，水滴的表面积就增大了。重力往下拉，表面张力就往上使劲，两个力一样大，谁也拉不过谁，水滴就待在滴管口了。科学前辈们已经写出了数学方程来描述水滴的形状。如果用其他方法测出了水的表面张力，按那个数学方程画出水滴的轮廓，那么与用显微相机拍出水滴的照片几乎可以完全重合。反过来，把拍下的照片轮廓坐标放进那个方程，也可以算出表面张力。

如果我们继续挤，出来的水变多了，重力也就变大了，但表面张力没有增加，最后它拉不过重力，水滴就掉下去了。对滴管来说，表面张力能够产生的向上的拉力是固定的。当水滴受到的重力大于这个力时，水滴就会掉下去。如果我们用天平去称掉下来的每滴水的重量，就会很惊奇地发现：每滴水的重量基本上都是一样的！

滴下一滴水，它该有多大

前文说从一根滴管滴下的每滴水的重量基本上都是一样的，那么滴的速度或者其他因素会不会影响它的大小呢？

这里所说的是操作时很小心，水滴很慢地滴出来的情况，整个过程中可以认为水滴处于平衡状态。在流体力学领域，这样的状态被称为"柯西稳定状态"。就是说，这种状态不是真正的稳定状态，但是运动得很慢，可以被当成平衡态来做静力学分析。如果水滴滴得很快，大小就跟滴的速度有关了。

我们来看悬在滴管下面的水滴。任何一个横截面都承受着横截面以下的那部分液体的拉力，大小等于那部分液体的重力。这一拉伸的结果会增加水滴的表面积，所以这里的表面张力会产生向上的分量来抵制这个拉力，而水平方向的分量则互相抵消了。当重力和表面张力相互抵消时，水滴处于平衡状态，而不会掉下来。

如果我们仔细观察那些水滴，不难发现，在所有可能的横截面中，滴管出口处的那个面承受的重力是最大的（承受整个水滴的重量），而那个面的直径在水滴的上半部分是最小的，因为向上的张力等于表面张力乘以周长（见图9）。当水滴增大到表面张力不足以抗衡重力时，水滴就脱离滴管。当水滴脱离滴管时，水滴的重力正好等于表面张力产生的拉力。对纯液体而言，表面张力是固定的，滴管的周长也是确定的，也就是说，滴下的水滴的重量就是固定的。

从上面的讨论不难看出，滴下液滴的重量只由滴管的直径和液体的表面张力决定。对于不同的滴管和不同的液体，这一数值就会不同。

在工业界的研究中，经常使用重量来计算浓度，比如某种成分占百分之多少。而在学术研究中，通常使用体积浓度，比如一升溶液中含有多少毫升某种物质。前者是为了方便生产，后者是出于热力学上的严格。如果考虑滴下液体的体积，那么

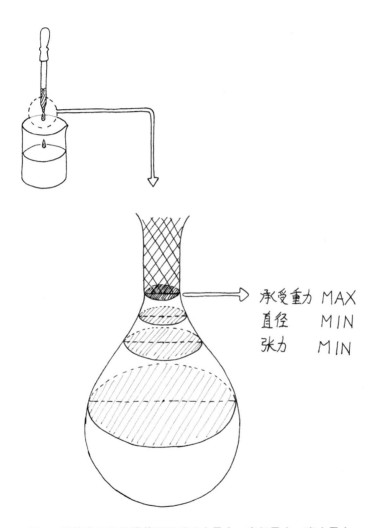

承受重力　MAX
直径　　　MIN
张力　　　MIN

图 9　滴管出口处的横截面承受重力最大、直径最小、张力最小

注：图中 MAX 意为最大，MIN 意为最小。

除了表面张力外，的确还跟液体的密度有关。如果只考虑重量的话，就几乎跟密度无关了。

表面张力会受温度的影响，一般而言，温度上升，表面张力会降低。而且，不同液体受影响的程度不同。至于湿度，主要是在湿度低的情况下，水有一定程度的蒸发，对于这个过程有一定的影响。就一般的应用来说，数滴数本身只是一种估算，确定的数值还是要依靠最后天平的读数。而忽略这些次要影响因素的估算，已经可以得到一个比较精确的结果。

滴管下面的液滴分析，其实是两种表面张力测量技术的基础。一种是前文提到过的，拍下液滴照片，分析液滴轮廓，代进一个数学方程（其原理就是这里所说的力的平衡），可以算出表面张力。因为使用了整个水滴轮廓的数据，用大量的数据拟合一个方程，可以大大减小各种干扰所产生的误差。另一种是利用滴下的液滴重量及滴管的直径计算表面张力，原理就是上面所说的表面张力等于重力。这实质上只用了液滴上的一个数据点，而且其他如液体的密度、液体和滴管的接触方式等也会有一定影响的因素并没有包含在内。因此，这是一种原始、简单但不够精确的方法，现在在科研上已经没有人用了。

通过山寨荷叶，科学家发明了自我清洁的涂料

雨过天晴，我们会在树叶和草叶上看到许多水珠。荷叶和芋头叶上的水珠晶莹剔透，可以滚来滚去。即使在这些叶子上洒上一些污水，也不会在叶子上留下污痕。如果建筑物的外墙、露天的广告牌等表面也像荷叶一样，不就可以永保清洁而免去清洗的麻烦了吗？

这还真不是幻想。在人们搞明白了荷叶"出淤泥而不染"的原因之后，这种具有自清洁能力的表面就研发出来了。

从接触角谈起

为什么有的叶子上的水珠是球形的，可以滚来滚去，有的叶子上的水珠却很扁，乖乖地待在一个地方不动呢？让我们看看图 10。

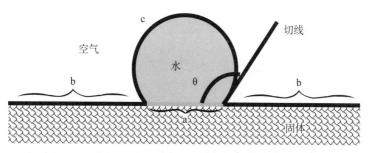

图 10　固体、水和空气形成的三个界面

一滴水在固体表面上，如图 10 所示形成三个界面。a 是固体和水的界面，b 是固体和空气的界面，c 是水和空气的界面。c 是弯曲的，如果我们从三个界面交界的地方沿着曲面 c 的方向画一条线来，就叫作曲线 c 在那个点的切线。图中的夹角 θ，我们把它叫作"接触角"。

如果接触角很大，是什么样子呢？

当接触角 θ 很大时，水珠就呈球形，水和叶面的界面（相当于图 11 中的 a）非常小，水不会在一个地方待着，整个水珠可以滚来滚去。

如果接触角很小，又会是什么样子呢？

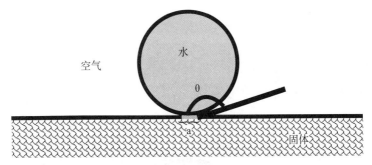

图 11　固体、水和空气形成的三个界面（接触角 θ 很大时）

图 12 就是一般的叶子上水珠的形状，扁扁的，水和叶面的界面 a 很大，接触角 θ 很小，水珠也不能随便移动。进一步想，如果接触角达到 0°，会是什么情况呢？没错，没有 b 了，所有的固体表面都被水占据。日常生活中，如果碗或者玻璃不

太干净，比如有油，那么接触角就会比较大，我们就能看到水珠。如果用洗洁精把碗洗得很干净，放滴水上去，水就立刻铺开，看不到水珠了。

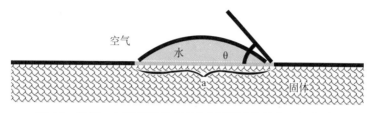

图 12 固体、水和空气形成的三个界面（接触角 θ 很小时）

接触角的物理原理有点儿抽象。我们需要从表面能的概念出发来理解：增加任何两种物质的界面，都需要一定的能量，这个量在数值上等于这两种物质构成的界面的界面张力。我们比较熟知的界面张力是空气和水之间的界面张力。其实不仅是气体和液体之间，气体和固体、液体和固体之间也存在界面张力。再看看图 10，一滴水放在固体表面制造了三种界面：空气和水的界面 c、水和固体的界面 a，以及空气和固体的界面 b。把各自的界面张力乘以界面面积，加起来就得到了整个体系的总界面能，也就是由于形成这些界面整个体系增加的能量。

具体的数学推导就不做了，我们来考虑两种极端情况。如果空气和固体之间的界面张力很大而液体和固体之间的界面张力很小，大自然就倾向于把水滴完全铺开（谁都喜欢干省力气的活儿），这就是洗干净的普通玻璃滴上水的状态。相反，如果液体和固体之间的界面张力很大而空气和固体之间的界面张力很小，大自然就倾向于让空气与固体接触而让液体一边待着，这就是荷叶的情况。而在绝大多数情况下，是空气和固体之间的界面张力与液体和固体之间的界面张力谁也没能"一统天下"，接触角就是双方妥协划分势力范围的结果。其背后的决定因素还是大自然喜欢省力气，即整个体系的表面能最低。在具体划分的时候，空气和液体之间的界面张力也会跳出来插一杠子，因此接触角是由固体、液体、空气三方相互之间的界面张力决定的。

如果我们不想让水留在固体表面，就要增大接触角。比如，水在一般的布上接触角很小，水到了布上就把布打湿了。在用布做雨伞时，我们把一些特殊的物质涂在布上，这样水在布上的接触角就变得很大，布也就不会被雨水打湿了。

我们的头发，以及许多动物的毛，像猫毛和狗毛，一下雨就被打湿了。鹅和鸭等动物的毛就不会被打湿，往它们身上浇点儿水，它们一扑棱，水就掉落了。这也是因为水在我们的头发或者猫毛、狗毛上的接触角很小，而在家禽或者鸟的羽毛上的接触角很大。

荷叶效应

虽然人们知道接触角和界面张力已经有很多年了，但是在很长的时间内无法做出荷叶那样的表面。也就是说，人们找不到那么疏水的物质可以使接触角像水在荷叶表面上的那么大。荷叶表面有着什么样的秘密呢？

直到 20 世纪 70 年代，使用电子扫描显微镜，人们才逐渐明白荷叶高度疏水的原因。图 13 是用电子扫描显微镜看到的荷叶表面。

图 13　用电子扫描显微镜看到的荷叶表面

荷叶表面原来非常粗糙！图 13 照片上的标度是 20 微米（微米是千分之一毫米），也就是说，荷叶表面布满了大小在几微米到十几微米之间的突起。把这些突起继续放大来看，可以发现每个突起上还布满了更小的突起或者说细毛。荷叶的超强疏水性原来不仅跟表面疏水性有关，还跟这种超微结构有关。

为什么这样"粗糙"的结构就能产生超强的疏水性呢？我们来看图14。

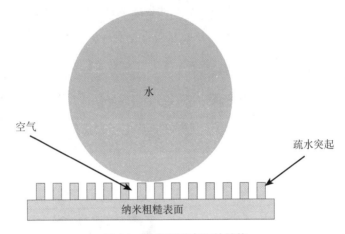

图14　纳米粗糙表面的结构

接触角的形成是减小整个体系总界面能的结果。对疏水的固体表面来说，当表面不平有微小突起时，有一些空气会被"关到"水与固体表面之间，水与固体的接触面积会大大减小。具体的数学推导在这里就省略了，总之，科学家们可以从物理化学的角度用数学来证明：当疏水表面上有这种微细突起的时候，固体表面的接触角会增大。

当接触角不是特别大的时候，像图10中的叶面上，水滴呈半球形，而半球形的水滴是无法滚动的。如果有了这种超微结构，像荷叶表面，接触角接近180°，水滴接近于球形，就可以很自如地滚动。即使叶子上有了一些脏的东西，也会进入水中被水带走。这种接触角非常大（通常大于 150°）的表面，就被称为"超疏水表面"，而一般的疏水表面只要接触角大于90° 就行了。超疏水表面的特性就在于：水在上面形成球状滚动，同时带走上面的污物，这样的表面就具有了"自清洁"的能力。

荷叶效应的应用——"自清洁表面"

自然界里具有"自清洁"能力的超疏水表面除了荷叶还有芋头之类植物的叶子及鸟类的羽毛。这种自清洁能力除了保持表面的清洁，对防止病原体的入侵还有特别的意义。具有自清洁能力的植物，即使生长在很"脏"的环境中也不容易生病，很重要的原因就是拥有这种自清洁能力。即使有病原体到了叶面上，一下雨也就被冲走了；如果不下雨的话，叶面很干燥，病原体还是生存不了。

明白了荷叶效应的物理化学原理，科学家们就开始努力模仿这种表面。有了正确的理论指导，应用研究的发明进展很迅速。现在，材料学家们可以通过表面处理生产这样的超疏水表面，也可以用疏水的微米或者纳米粒子做成涂料来生产自清洁涂层。具体的技术这里就不介绍了，图 15 是一个仿荷叶表面的例子,是不是跟前面图中的荷叶表面非常相似?

图 16 是水滴在这种材料表面的形状。材料是相同的,右边是光滑的常规表面,左边是按照荷叶效应做出来的超疏水表面(仿荷叶表面)。在光滑表面上,水滴不会滚动,如果把表面倾斜,它只能滑动,不能有效地把表面上的污物带走,而仿荷叶表面上的水滴接近球形,如果把表面倾斜,它就可以滚动,从而把表面上的污物带走。

图 15　仿荷叶表面

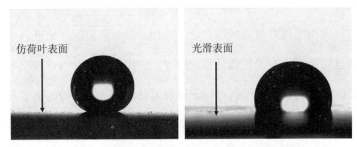

图 16　仿荷叶表面上的水滴和光滑表面上的水滴

1997 年，"荷叶效应"一词的英文"Lotus Effect"甚至被注册成了商标。随后的几年中，基于"荷叶效应"的涂料问世，在越来越多的建筑上得以应用。根据该公司自己提供的数据，现在已经有几十万座建筑使用了这种涂料。图 17 是效果图，水滴滚过的地方，脏东西被带走，留下了干燥清洁的表面。

图 17　建筑表面的"荷叶效应"

在界面的世界里，"两面派"很可爱

人类社会中，我们把人分成好人和坏人，尽管绝大多数人介于好与坏两种极端情况之间。还有一种人，他们在好人面前做好人，在坏人面前做坏人，我们叫他们"两面派"。在自然界也有类似的情况，有些分子喜欢和水混在一起，被称为"亲水分子"，如普通玻璃表面上的分子；有些分子与水分子"不共戴天"，喜欢和油混在一起，被称为"疏水分子"，如荷叶表面上的分子。如果说在静电的世界里，通行准则是"同性相斥，异性相吸"，那么在界面的世界里，通行准则就是"物以类聚，人以群分"或者"党同伐异"。好在古典文化崇拜者们的科学知识比较有限，不然要去鼓吹"我们的祖先早就发现了静电的规律和亲水疏水的原理，并且进行了高度的概括"了。

就像好人和坏人是相对的一样，亲水和疏水也是相对的。或者说，亲水和疏水也有着程度上的差别。强行把亲水分子和疏水分子摁在一起，强扭的瓜不甜，乱点的鸳鸯要散，它们死活就是要分开。究其原因，前一篇已经说过了，界面张力过大，双方都想回到故乡和同胞聚在一起，结果就是拼命缩小界面。

自然界中存在着一类物质，我们称其为"表面活性剂"，就是典型的"两面派"。它们有一个亲水的脑袋、一条疏水的尾巴。遇到亲水物质，就把脑袋凑上去，说"你看，我们是亲戚"；遇到疏水物质，就把尾巴摆过去，说"你看，我们长得挺像"。但是，自然界的物质明察秋毫，群众的眼睛是雪亮的。当这样的"两面派"在水中时，水分子们说"我们倒是可以接受你的脑袋，但你那尾巴实在讨厌"；在油或者其他疏水物质里时，群众就说"把脑袋藏起来就以为我们不认识你了吗"。于是，极度郁闷的表面活性剂到处不受待见，只好跑到界面上，把亲水的脑袋向着水的这边，把疏水的尾巴伸到疏水的那边。这样，最外层的水分子接触的是"两面派"的亲水脑袋，疏水那面的最外层接触的是"两面派"的疏水尾巴。虽然不是同胞，但是总算不用和"不共戴天"的"仇人"待在一起了，那些分子也就不再拼命往里挤，因此界面张力大大减小。而作为"两面派"的表面活性剂，也不再受到双方的排挤，总算有个安身立命之所。这大概也算得上是皆大欢喜。

我们知道，无论多牛的人，也无法用清水吹出泡泡。如果水里有洗涤剂，就很容易吹出泡泡。无论是肥皂、洗衣粉还是沐浴露，其核心成分都是自然界的"两面派"——表面活性剂。干净的水的表面张力高达 70 焦耳 / 平方米，使劲吹出个泡泡也会马上破灭。如果在水中加入表面活性剂，表面张力就能够轻易降到 5 焦耳 / 平方米以下，很容易吹出泡泡。一个泡泡的水膜虽然很薄，但是也有内外两个表面，两个面上都各有一层"两面派"。最惨的是两层"两面派"之间的那些水分子，在"两面派"当道的界面上，俨然是弱势群体，很难有生存空间。泡泡在空中飘，水分子只能在重力的作用下往下流，最后泡泡的水层变得上薄下厚，形成了一个弯的三棱镜。阳光透过三棱镜会分成 7 种颜色，这就是没有颜色的肥皂水能吹出七彩泡泡的原因。

如果"两面派"太多，界面上挤不下的就只好在水中苦苦挣扎。当它们在水中的浓度很低时，就只能四处游荡，偶尔遇到一两个同胞，想团结起来共同生存，也会很快被水分子们无意的冲撞破坏。当它们在水中的浓度比较高时，很容易找到同胞组织起来，疏水的尾巴朝里，亲水的脑袋朝外，形成一个圆球。这样，当一个"两面派"团体出现在群众面前时，完全是一副亲水的形象，不那么招水分子的厌烦，也就获得了生存的空间。如果有脏东西，比如餐具上的油污、衣服上的污渍等疏水的东西（所以用水洗不掉），"两面派"分子们就如获至宝，把尾巴插进污渍，形成一个亲水脑袋向外的球体，而污渍就被包在球体内部，随着水流离开了餐具或者衣服。这就是表面活性剂去污的原理（见图 18）。

如果水中有可食用的油，"两面派"也会把油滴包裹起来，形成我们通常所说的"乳液"。大家最熟悉的乳液是牛奶，不过那里面的"两面派"不是表面活性剂，而是蛋白质。相比表面活性剂，蛋白质的"两面派"性质更加复杂也更加有趣。

图 18 表面活性剂去污的原理

从皂角到加酶洗衣粉

　　人类最初用皂角之类的东西洗衣服，肥皂的发明算得上是一大进步。作为一种表面活性剂，肥皂大大提高了去污能力。但是，水中的钙、镁等离子会与表面活性剂结合，不但让被结合的表面活性剂失去作用，而且结合物本身也会成为新的沉积物。洗衣粉中除了表面活性剂，还加入了其他辅助成分，以增强洗涤效果。其中最重要的是磷酸盐，磷酸阴离子与钙、镁离子的结合能力大大高于表面活性剂，它们的"舍生取义"保护了表面活性剂。因为磷酸盐比表面活性剂便宜，所以在洗衣粉中加入磷酸盐降低了洗涤成本，受到了洗衣粉生产厂家的欢迎。一般的含磷洗衣粉中，磷的含量在 10% 左右。

　　磷酸盐本身对人类并无危害，之所以成为环境杀手，其实是因为它是植物生长的营养成分。在湖泊等水域中，生长着藻类。藻类的生长需要碳、氮、磷等主要营养成分。一般情况下，不会缺乏碳和氮，于是磷就成了藻类生长的限制因素。生活污水中含有的磷沉积到湖中，对藻类来说简直是雪中送炭。1 千克的磷能长出 700 千克的藻类。很多洗涤剂中还含有漂白剂，通常含有氯元素，进入环境中也成为一种污染源。一般的表面活性剂，在高温下的活性高，因此洗涤剂在热水中的效力通常比较强，这也是洗衣服、洗碗用热水更易洗干净的原因。

不难看出，洗涤剂中导致环境危害的物质都是保持洗涤效果的代价。要减少洗涤剂对环境的危害，就要在保持洗涤效率的前提下避免上述有害成分。无磷洗衣粉的出现是一种进步，这种洗衣粉通常使用不含磷的无机成分代替磷酸盐与钙、镁离子结合，对于减少磷的环境危害，自然是成功的。但是这些替代成分进入自然界又造成其他的污染，所以说，简单的替代磷酸盐只是减轻了"民愤"大的污染，并不见得就完全消除了洗涤剂的污染。仅仅因其"无磷"就宣称"绿色环保"也是不负责任的做法。

酶的引入是洗涤剂的巨大进步。首先，酶是蛋白质，进入自然界后会自然降解，不会留下危害。其次，酶的活性温度比较低，不用太热的水。一般而言，40℃是一个很合适的温度。而通常的洗衣粉，人们要使用60~70℃的水。像北京这样一个千万人口的城市，如果洗衣粉的水温降低20℃，那么一年节约的能源大致相当于燃烧10万吨煤炭产生的能源。虽然对于北京这么大的城市，少燃烧10万吨煤炭并不是一个很大的量，但是如果考虑到洗衣服只是生活中的一件小事，那么这个量就比较可观了。当然，我们还得考虑生产相应的酶所需要的能源。在生物技术高度发展的今天，生产那些酶所需要的能源只相当于燃烧几百吨煤炭产生的能源。

酶的加入能够提高洗涤能力，原因在于多数污渍是有机成分，如汗渍、奶渍、饮食等的主要成分是蛋白质、脂肪、淀粉成分，酶可以有效地分解这些成分。最早加入洗衣粉的酶是蛋白酶，后来淀粉酶、脂肪酶、纤维素酶也相继被加入，从而使得加酶洗衣粉的效率大大提升。酶的作用也使得漂白剂、磷酸盐等对环境有害成分的使用逐渐减少。

洗涤剂的发展方向是使用更好的酶，进一步降低活性温度，以及减少对有害环境的成分的使用。目前，一些西方国家已经禁止了磷酸盐的使用，也有公司在开发可在冷水中保持活性的酶。

蛋白质摆造型，可不是为了自拍

我们经常听说"蛋白质结构""蛋白质变性"，通常所说的"蛋白质结构"是指蛋白质摆出的空间造型，"变性"就是它们本来造型的改变。那么，蛋白质如何摆出造型？又为什么要摆造型？这对人类有什么意义吗？

搭出蛋白质的材料——氨基酸

要说蛋白质摆造型，不能不说氨基酸。氨基酸，顾名思义，就是带了氨基的酸。在有机物中，一个碳原子通常有4只"胳膊"，每只可以抓一样东西。氨基酸里最核心的那个碳原子，一只"胳膊"抓了一个羧基（羧基是一个碳原子上接了一个氧原子，以及一个带着一个氢原子的氧原子），这个羧基使它称为"酸"，跟醋被称为"醋酸"的化学原因是一样的；一只"胳膊"抓了一个氨基，所以叫氨基酸；一只"胳膊"比较低调，只抓了一个氢原子。所有氨基酸的3只胳膊所抓的东西都是一样的，而另一只"胳膊"所抓的东西各不相同，这也是"同为氨基酸家族的一员，差距咋就那么大"的原因。

可以说，不同氨基酸在化学结构上的差别只在于4只"胳膊"中的一只抓的东西不同，这个东西通常被称为"侧链基团"。侧链基团虽然只占了一只胳膊，但其个头有时候比这个氨基酸的其他部分加起来还大。氨基酸的性格也取决于这个侧链基团。如果它疏水，这个氨基酸就被称为疏水氨基酸；反之，如果它亲水，这个氨基酸就被称为亲水氨基酸。当然，也有些侧链基团奉行中庸之道，既不明显亲水又不明显疏水。

当一个氨基酸碰到另一个氨基酸，一个会提供自己氨基上的氢原子，另一个会提供自己羧基上的一个羟基，即前面说的那个带着一个氢原子的氧原子（"羟"这个字很有意思，各取了"氢"和"氧"的一部分，读音差不多是这两个字的反切音——前一个字的声母加后一个字的韵母），合成一个水分子招待客人，而去了氢的氨基和去了羟基的羧基（叫作"羰基"，一个碳原子和一个氧原子）勾结起来，原来的两个氨基酸就变成了一个大的分子，被称为"二肽"。相应地，二者"勾结"的那个地方就被称为"肽键"，而原来的两个氨基酸则被称为"氨基酸残基"——各自缺了一部分，要搭帮才能生存。这跟人类社会差不多，不同的人要团结成一个整体，总是需要每个成员做出一些牺牲或者磨平一些棱角。这个二肽还有一个羧基、一个氨基，可以分别继续"勾结"别的氨基酸。到最后，可以形成一长串的氨基酸。最小的蛋白质由几十个氨基酸"勾结"而成，而大的蛋白质则由成百上千个氨基酸"勾结"而成（见图19）。

造型的产生——为了和谐

这样的一串氨基酸残基，被称为蛋白质的一级结构。也就是说，它告诉我们这个蛋白质含有哪些氨基酸，这些氨基酸是怎样连接的。被连在一起的氨基酸残基难免与其邻居形成各种各样的邻里关系。有的地方形成一个弹簧似的形状，叫作"阿尔法螺旋"，是一种比较稳定的邻里关系；有的地方形成类似上下折叠的样子，叫作"贝塔折叠"；有的地方形成一种直接拐弯的样子，叫作"转折"。这些都是有序的结构，类似邻里

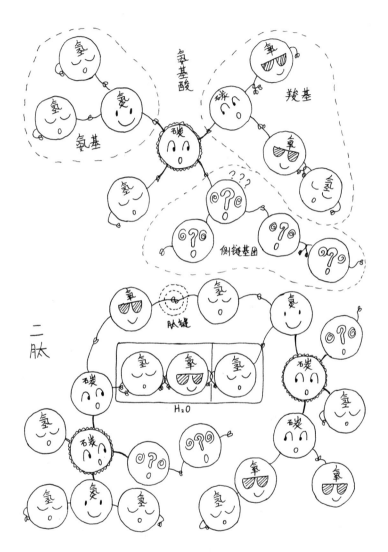

图 19 氨基酸的组成

注：图中 H_2O 为水的化学式。

之间有不同程度的联系。螺旋是一种很紧密的联系，就像中国传统社会，早上谁家的鸡下了个双黄蛋，中午就传遍了全村。氨基酸序列上还有一些部分就像现代社会，邻里之间鸡犬之声相闻，老死不相往来，同一单元住了几年还是不知道隔壁的男女是夫妻还是父女。这种结构叫作"无规卷曲"。这4种邻里关系的结构在蛋白质科学上被称为"二级结构"，通俗地说就是邻里之间的关系。

氨基酸残基之间的连接虽然很紧密，但还是可以在一定范围内转动。不难想象，几十上百个残基都有一定的活动范围，总体来看那些相距较远的残基还可以通过一定的作用力互相接近。疏水作用是最常见的一种，那些疏水的残基因不喜欢外界的水而互相靠近，而那些亲水的残基则使劲往外挤去寻找更多的水。另一种重要的作用力是静电力，有的侧链基团是带电的，同性相斥、异性相吸的作用也造成序列上相距较远的氨基酸残基发生排斥或吸引。由于受到身边邻居的牵连和空间距离的限制，这些作用力最后会达到一种合适的平衡。总的来说，这种关系是基于大家高兴而存在的，没有太强的利益关联，也不是很紧密。就像网络上的一群人，出于共同的爱好经常来往，探讨一下共同感兴趣的问题。由于空间上的限制，这群人的联系很松散。有的氨基酸含有硫原子，如果遇上另一个也含有硫原子的氨基酸，这两个硫原子就可能发生很紧密的联结。这种相互作用远比疏水或静电作用强烈，被称为"二硫键"。

这几种远距离作用使氨基酸残基在空间里排列组合，再加上空间上的限制和邻居的牵绊，最后会形成一个稳定的空间结构。这种结构被称为蛋白质的"三级结构"。两个或者两个以上具有三级结构的蛋白质结构还可能组合成更大的结构，称为蛋白质的"四级结构"。

总的来说，蛋白质的氨基酸就像积木块，其一级结构确定了它们按照什么顺序连接起来，二级结构决定了它们的邻里关系，三级结构则是为了让它们处于一种和谐舒服的状态而摆出的造型，而四级结构就类似于两个或两个以上造型的组合。

蛋白质摆造型的意义——结构决定功能

自然界有数不清的蛋白质。到 2006 年，蛋白质数据库 PDB 里已经有 4 万种造型被搞清楚的蛋白质，而这一数字还在以越来越快的速度上升。此外，还有无数个人们知道其存在却不知道它摆的是什么造型的蛋白质。至于人类还不知道的蛋白质，就更无法估量了。

就像人的长相一样，每种蛋白质的造型都各不相同，即使是一卵双生的兄弟，也有细微的差别。蛋白质摆出各种造型当然不是为了照相或者装酷。蛋白质是最重要的生命物质，生物体靠它们进行各种各样的生命活动，这些活动的进行最关键的一步就是靠近"行动目标"。比如，一个蛋白质要解毒，必须摆出一个"陷阱造型"把毒素装进去；一个蛋白质要清除自由基，也得摆出一个造型来正好把自由基抓住。很多蛋白质是催化某个生化反应的酶，通常的作用方式就是摆出一个像"锁"一样的造型，正好让被催化的反应物做"钥匙"。一般一把钥匙开一把锁，只有那种特定的反应物才能进入这个酶构成的"锁"，从而发生反应。否则一个酶逮谁灭谁实在很危险，比如本来是要让它杀癌细胞的，结果一路杀将过去，把正常细胞也杀个干净。不过也有的蛋白质造型比较牛，除了做自己最擅长的工作，还能客串一下把类似的东西也干掉。还有一些酶摆的是最普通的造型，只要底物差不多，就照单全收。最典型的就是消化酶，比如淀粉酶，不管你吃的是什么淀粉，它都一概分解，蛋白酶不管什么蛋白也都一概切开。

人类为什么关心蛋白质的造型

人类进行的许多科学研究主要是为了满足好奇心。世界各国纷纷花费巨额经费来研究蛋白质的造型，显然不属此列——其中有着很大的"功利"性原因。

如果一种蛋白质能够治疗某种疾病，那么我们通常需要把它提纯，很多情况下，熟吃、生吃、蘸了酱吃都不能起作用，需要注射。而从自然界的东西中提纯蛋白质实在是一件很费劲的事情，想想一种东西有那么多的成分，你想要的蛋白质怎么会乖乖出来？如果纯度不够高，或者残留了一点儿致命的杂质，注射进血液里，可能把旧病治好了，却又造成了新病。而且在提纯过程中还要小心轻放，不能磕、不能碰，搞不好把造型破坏了就没有用了。

因此，现代医药生产喜欢把控制蛋白质合成的基因弄出来，放进细胞里，培养细胞来生产该蛋白质。如果在该蛋白质上加个标签而不影响其造型的话，就可以用该标签来点名，轻易地把这个蛋白质和别的蛋白质分开，从而大大降低生产成本。比如，人们经常在某个蛋白质的头上加上 6 个连续的组氨酸，在细菌合成这个蛋白质之后，把细菌打成浆，去掉残渣，让"细菌汁"通过一层特定材料做成"树脂"。那种材料专门拉住那 6 个组氨酸不让走，而让别的东西都能通过。然后再拿一些树脂材料更喜欢的东西去"洗脱"，那层固体立刻"喜新厌旧"，就让需要的蛋白质下来了。这样的提纯操作就要简单多了。现在，许多医药、食品及其他工业用的酶就是这么生产出来的。

但是，有的蛋白质被宠坏了，要借助生物体中别的东西才能摆出正确的造型。这样的蛋白质在细菌中合成出来的话就只有正确的氨基酸序列，而没有正确的造型，也就不能胜任它们的工作。要有正确的造型，就只能放到动物细胞中去生产。而动物细胞比较娇气，养起来成本更高，因而生产出来的蛋白也就比较值钱了。

如果只是这样的话，那么搞清楚蛋白质的造型还不是那么重要。毕竟，不知道它们的造型也可以做上面的这些事情，只要每一步都把蛋白质拿出来试试还能不能完成它的工作就行了。研究蛋白质造型更重要的意义在于可以按照需要改造和设计它们。比如，一种蛋白质能治病，通常只是其造型中的一小块在起作用。知道了那一小块的情况，就可以把其他凑热闹的部分去掉，只生产有用的那一小块。个头越小，在医药上的使用就越方便。再如，某种酶只能在某个温度下工作，在别的温度下就失去了功效。如果我们搞明白了它起作用的那个造型和导致造型改变的氨基酸，就可以给它做各种手术，在保证造型不变的前提下把"不稳定因素"替换掉，那么这种酶就可能在其他的温度环境中保持战斗力了。

蛋白质造型也有不重要的时候

许多人都知道，蛋白质变性就是在某种条件下蛋白质摆不出正确的造型了。经常有人说"……会导致蛋白质变性，影响营养价值"，忽悠人的广告也说"××食品运用高科技手段，保留了蛋白质活性"……

绝大多数的蛋白质在高温下都会失去本来的造型，也就是变性了，但人们吃蛋白质是为了获取氨基酸，所有的蛋白质到了肚子里，绝大多数都被分解成了单个氨基酸，只有极少一部分能保留几个氨基酸而成为"多肽"。人体只需要这些积木的块，到了体内再重新连接，重摆造型。因此，是否保持本来的造型，在营养上一点儿意义都没有。

我们吃的绝大多数蛋白质食物，本来就需要它失去本来的造型而变成美食。比如豆浆中的蛋白质，被加热后失去本来的造型，又被加入凝固剂促使它们"手拉手、肩并肩"，最后变成了豆腐。至于奶粉之类的食物，本来就经过了高温干燥，早就"变性"了。进一步加工的牛奶蛋白质则更惨，不仅失去了空间造型，还可能被一种叫凝乳酶的蛋白质拦腰砍开，再连接起来成为奶酪。

蛋白质是超级"两面派"

正如前文所说，疏水的氨基酸倾向于藏在蛋白质的内部，而亲水的残基露在外面，形成一个紧密的近似球体。但是，受空间的限制和邻居的牵绊，还是有些疏水残基留在分子表面。这样，在蛋白质的分子表面同时存在着亲水的部位和疏水的部位。疏水部位的存在，使得这些蛋白质分子就像表面活性剂一样，有着两面派的性格。而这种两面派的性格还不是一成不变的，在外界环境的影响下，蛋白质的空间结构遭到破坏，内部的疏水残基显露出来，整个分子的两面派倾向就会发生改变。这也是蛋白质的乳化性质比较复杂的原因。还有一些蛋白质，结构比较特殊，整个分子缺乏有序结构，以无规卷曲为主。而疏水残基和亲水残基相对比较集中，整个分子就像个大的表面活性剂。牛奶中就具备这两种类型的蛋白质。

牛奶的秘密，其实行业内都知道了

所谓秘密，就是人们不知道的东西。科学家对牛奶进行了多年研究，直到现在还有人在孜孜不倦地寻求新发现。其实从某种程度上说，牛奶家族已经没有什么大秘密了。这虽有侵犯隐私之嫌，但谁让牛奶被人类惦记上了呢？自然界的东西，不怕人偷，就怕人惦记。一旦被人类惦记上，科学家们就兴奋不已，不查个底朝天不会罢休。

牛奶是由脂肪构成的。脂肪在水中被蛋白质包裹，分散成小颗粒。这些小颗粒之所以能稳定存在，是因为蛋白质起着"两面派"的作用。光照到那些小颗粒上，发生散射，牛奶就呈现出"乳白色"。至于光散射如何发生，为什么是乳白色，这里就不讨论了，还是回到我们关心的牛奶上。

牛奶中，脂肪占4%左右，蛋白质大概占3%，另外还有5%左右的乳糖，以及维生素、矿物质等。糖的适应能力比较强，能和水相处融洽，和脂肪也就不怎么来往。蛋白质分子中有一部分活动能力强的能够抢占脂肪和水的界面，找到自己的安乐窝，而其他分子在界面上找不到落脚之处，只好待在水里。

话说牛奶里有两种蛋白。一种叫酪蛋白，长得极具个性。酪蛋白其实是一个家族，有好几个兄弟，所有兄弟身上的疏水氨基酸和亲水氨基酸都相对比较集中，因此会形成疏水的部分和亲水的部分。在水中，亲水部分伸展，跟水分子们混得很熟；疏水部分则聚在一起，很不受水分子待见，能够在水里待着全靠亲水部分。总体来看，酪蛋白就是一个巨大的表面活性剂分子。另一种叫乳清蛋白，也有许多家庭成员。它们身上的疏水氨基酸和亲水氨基酸差不多均匀分布。在前文中说过，互相牵制的结果是形成了一个近似球形的结构。疏水氨基酸在内，亲水氨基酸在外，而有一些疏水氨基酸和待在外面的亲水氨基酸距离太近，被牵连的结果是只好很不舒服地待在外面。这样的分子就是一个表面亲水的球体，上面打了一些疏水的补丁。

当脂肪被分散在水里的时候，蛋白质们就纷纷游到脂肪表面去抢占地盘。酪蛋白身材苗条，疏水氨基酸集中，因此爆发力强、游得快；乳清蛋白胖乎乎的，疏水氨基酸虽然多，但是藏在内部的那些帮不上忙，表面的那些又势单力薄，因此整个分子游起来慢。到最后，脂肪表面基本上是酪蛋白。自然界从来只相信实力，谁让人家游得快呢？

酪蛋白是目前食品工业领域最好的蛋白质类型的乳化剂（当然，其蛋白质品质也很好）。一方面，它们游得快，能够有效地减小界面张力，把脂肪分散到水中。另一方面，界面上的那些酪蛋白把疏水部分伸到脂肪里，亲水部分伸到水里。因为亲水部分很长，颇有点儿"长袖善舞"的样子，所以当另一个脂肪颗粒靠近的时候，各自身上的长袖就难免磕磕碰碰。为了安全，两个颗粒只好保持一定距离，因此酪蛋白的这种身材有利于脂肪颗粒的稳定存在。其实乳清蛋白如果能到达脂肪表面的话，就可以起到乳化剂的作用。可是它们缺乏酪蛋白那样善舞的长袖，脂肪颗粒容易互相靠近，形成小团体，对于形成均匀的牛奶比较不利。

天然牛奶中脂肪颗粒很大，平均直径有几微米。一微米等于千分之一毫米，虽然对我们来说可能已经很小了，但在界面世界里，一微米是很大的。因为脂肪比水轻，直径几微米的脂肪颗粒在水里，浮力将会占优势，所以脂肪颗粒会不断往上浮。天然牛奶放置几个小时就会分层。此外，天然牛奶里有一些可能致病的微生物，除非挤出来的奶马上喝，否则那些微生物会快速生长，致病概率大幅上升。

现代化的牛奶生产不可能现挤现喝，一定会历经储存、运输、分销等过程，否则未经处理的牛奶到达消费者手里时肯定已经坏了。最基本的处理是高压均质化和灭菌。生牛奶经过高压均质化处理，脂肪颗粒会减小到原来的 1/10 左右，相应地，牛奶的分层速度会减缓至原来的 1/100 左右。因此，有些厂家会在某些牛奶产品里加入增稠剂，不仅可以增加牛奶的黏度，还可以减缓牛奶的分层速度。增稠剂通常是一些多糖类的化合物，也是食品原料。天然成分的牛奶黏度是很低的，厂家用增稠剂增加黏度的做法不仅是为了增加稳定性，也是为了让它们更受人欢迎，因为黏度高的牛奶看起来好像要浓一些，有的人喜欢"黏"的口感。

因为牛奶本身是很适合微生物生长的环境，所以灭菌对于储存就极为重要。现代化的灭菌方法有两种。一种方法被称为巴氏灭菌法。各个厂家的操作方法虽不完全相同，但通常是将牛奶加热至 70℃以上，持续十几至三十秒。这种方法能够较大限度地保持牛奶中的成分不被破坏。但是这种方法灭菌不完全，产品仍然需要保存在冰箱里，而且放不了多长时间。一般而言，超过两周，大量细菌可能就长起来了。另一种方法被称为"超高温热处理",比如将牛奶置于140℃高温下处理一两秒。这种方法灭菌很完全,产品放上几个月也没问题,也不会破坏牛奶中的主要成分。

按照牛奶的主要成分比例,把纯的原料配在一起进行乳化,也可以得到"勾兑牛奶",这样的奶几乎是没有味道的。换句话说,其实"奶味"并不是奶的主要成分带来的。天然牛奶的味道受奶牛食物的影响很大。传统的吃草的奶牛,所产奶的奶味会浓一些,但是这种味道缺乏一致性,这头牛的奶味跟那头牛的可能不同,一头奶牛今天的奶味跟明天的也可能不同。这在现代化工业生产中是不可接受的,因此,现代化的牛奶农场需要喂标准化的饲料,以保证牛奶的质量稳定。否则,从超市买回的牛奶,今天的味道跟昨天的不同,会让消费者无所适从。

牛奶家族的旁系亲属

前文说了牛奶的各方面情况,我们再说说出身牛奶家族但是自立了门户的几种主要食品。

奶油与脱脂奶

　　前文说过，天然牛奶的脂肪颗粒很大，容易分层。奶油就是分出来的被蛋白质包裹着的脂肪颗粒。如果用离心工艺的话，奶油就更容易被分离出来。分离了奶油，剩下的液体就是脱脂奶。脱脂奶中虽然没有脂肪，但是还有酪蛋白，大量的酪蛋白没有在脂肪表面抢到地盘，只好无奈地待在液体中。酪蛋白被人类惦记上的原因是它的独特结构，它的分子没有三级结构，疏水氨基酸和亲水氨基酸分别集中在一起，像一个巨大的表面活性剂分子。因为疏水部分不受水分子欢迎，处处受到排挤，所以当水中的酪蛋白很多的时候，几个酪蛋白的疏水部分也会凑在一起，让亲水部分朝外，避免与水分子的接触。这样，这些酪蛋白分子就形成了一个小集团，可以像脂肪颗粒一样"忽悠"照在它们身上的光线，从而呈现"乳白色"。这样的能力是别的食用蛋白所不具备的。否则，脱了脂，剩下的蛋白质溶液就不能呈现"奶"的样子了。

　　分离出来的奶油可以进一步脱水，变成"重奶油"，也可以用奶稀释，变成"轻奶油"。总之，我们只要改变奶油的含水量，就可以得到不同性质的奶油。

　　全脂奶含有大约 4% 的脂肪，脱脂奶不含脂肪。如果把分离出来的奶油再加回去，就可以得到脂肪含量不同的低脂奶，如 1% 脂肪、2% 脂肪的牛奶。很多香味物质和维生素是溶解于脂肪中的，脱脂之后，那些味道也会失去，这就是脱脂奶没有全脂奶"好喝"的原因。

奶酪

奶酪经常被叫作"芝士"或者"起司"等比较洋气的名字。传统的奶酪制作方法是先用乳酸菌发酵，等到牛奶变酸，再加入一种从牛胃里分离出来的叫作凝乳酶的蛋白质（希望这不会影响大家的胃口，其实从牛胃里分离出来的凝乳酶跟牛胃没有什么关系，很干净的）。凝乳酶是一种很有趣的蛋白质，它的作用是把酪蛋白在一个特定的位置切开。酪蛋白分子被切的地方是疏水部分和亲水部分的中间，于是得到了一段亲水的、一段疏水的。亲水的那段会自由自在地在水里玩；而疏水的那段到处受到水分子的歧视和排斥，没有了亲水的那段罩着，日子不好过，就到处寻找同伴，四处串联。因为牛奶中的酪蛋白本来就比较多，所以这些疏水的酪蛋白片段就互相牵手组成了"一张无边无际的网"，轻易地把那些脂肪颗粒"困在了网中央"。那些被困的脂肪颗粒和酪蛋白构成的网一起形成了固体，分离出来后就是奶酪。奶酪的味道、口感跟这些操作过程中的每个条件都有关，所以不同公司生产出来的奶酪味道不同，而这些操作条件也就成了各自秘而不宣的配方。

将牛奶发酵主要是为了让其变酸，现在有一种让牛奶变酸的方法是直接加有机酸，这样就无须发酵了。不过这样生产出来的奶酪品质不高，只是成本低而已。至于凝乳酶，从牛胃里提取毕竟是件很麻烦的事情，基因工程技术的发展使得人们用细菌也可以生产出同样的物质，凝乳酶的获取倒是变得更容易了。

有的公司把奶酪宣传成"浓缩牛奶"，说是1斤奶酪来自10斤牛奶，给人一种奶酪是牛奶精华的感觉，所以价格很高。说1斤奶酪来自10斤牛奶可能没有问题，但奶酪的高价是否物有所值，需要跟10斤牛奶相比呢？其实，奶酪的成分跟牛奶还是有很大差别的，1斤奶酪来自10斤牛奶，并不意味着1斤奶酪的营养成分等同于10斤牛奶的营养成分。奶酪的魅力在于它独特的口感和风味，以及丰富的营养，完全没有必要把它鼓吹成一种神奇的"补品"去忽悠消费者。

奶粉和蛋白粉

把全脂牛奶中的水分蒸发掉，得到的是全脂奶粉；把脱脂牛奶中的水分蒸发掉，得到的是脱脂奶粉。二者的差别显而易见，全脂奶粉中含有大量的脂肪颗粒，而脱脂奶粉中全是蛋白质。

在奶酪形成的过程中，酪蛋白和脂肪变成了奶酪，剩下的溶液叫作"乳清溶液"。以前这部分是废液，处理方式是倒掉，后来人们对其成分进行研究，发现其中的蛋白质也有非常好的性质。从营养的角度说，这些漏网的球形蛋白和酪蛋白一样，也是质量得分为1的优质蛋白。从功能的角度说，它们的溶解度、乳化性能和起泡性能也非常好。这些球形蛋白被命名为乳清蛋白，也是若干种蛋白质的总称。

于是，经过科学家们一折腾，废液就成了宝贝，乳清溶液中的乳清蛋白被分离出来，成了一种优质的食用蛋白。在配方食品中，它是一种很有用的原料。商家把这种蛋白包装成保健品，价格也就随之翻了几番。其实，不管是酪蛋白粉还是乳清蛋白粉，都没有比脱脂奶粉更优越的地方。当然，有的公司在其中加入其他成分，让消费者体会到某种神奇的效果，也不是难事。就像人们在馒头里加入一些感冒药，就可以说它们是能治感冒的"神奇馒头"。这种商业运作上的猫腻，从来都是各有神通。

酸奶

酸奶是奶被乳酸菌发酵的产物。在发酵过程中，乳酸菌将乳糖转化为乳酸，于是牛奶中的酸度就会升高（即 pH 值下降）。蛋白质分子表面所带的电荷会随着 pH 值的变化而变化。对牛奶蛋白来说，当 pH 值下降时，所带的电荷就会减少直至没有，电荷产生的排斥力也就随之越来越弱，蛋白质分子互相吸引靠近的趋势就会越来越强。到最后，大量的乳糖转化成了乳酸，牛奶中的 pH 值也降到了很低，蛋白质分子之间的疏水基团互相连接起来，形成一个巨大的网络。这个"蛋白质网络"把乳糖、水、脂肪颗粒都"网"在其中。宏观看来，就是奶变得很"黏"，而且"酸"了。现在市场上的酸奶中，经常还会加入糖、增稠剂、甜味剂等来改善风味和口感。

黄油

黄油在化学组成上与奶油没有本质区别。当奶油中的水越来越少时，在外力的作用下，脂肪颗粒纷纷破裂，连成一片。而水成了少数派，蛋白质依然待在脂肪和水的界面上。只是这个时候分散的是小水滴，连在一起的是油。奶油看起来像浓缩的奶，而黄油则更像油了。可以这么说，黄油和奶油的基本组成是一致的，只是奶油是油滴在水里，而黄油是水滴在油里。

炼乳

炼乳很简单，把牛奶用真空蒸发工艺去掉大量的水，剩下大约初始体积的 1/4，再加入大量的糖。

写了这么多，其实就想说明一个观点：牛奶家族所有成员的主要营养成分差别并不大，在消费的时候不要轻信那些半真半假的宣传，根据自己的口味买便宜的种类就行了（注意：是便宜的种类，不是便宜的产品，奶酪和酸奶是不同的种类，不同品牌的牛奶是不同的产品）。

毛巾吸水，曾经的永动机设想

当我们把一条干毛巾的一端浸在水里时，水会沿着毛巾往上走，那么可不可以利用这个现象把水从低处吸到高处，然后收集起来呢？如果可以的话，就可以让高处的水流下来发电，然后再沿着毛巾爬上去。如此往复，不用外加能源，就可以源源不断地发电了。实际上，这是历史上一个永动机的设想，当然未能成功。我们自然会问：水的确爬到了高处，为什么不能被收集起来呢？

让我们先来看一个熟悉的实验：把一根细玻璃管插到水

里，水会沿着玻璃管上升，管子越细，水爬得越高。我们知道
当管子中的水不流动的时候，各处的压强是平衡的。图 20 a 中
B 点的压强应该和 A 点的相同，否则水就会从压强高的点流到
压强低的点。而 A 点是与空气相接触的水面，压强应该和空气
中的压强相同。D 点是和大气相连的空气，压强也应该和 A 点
的相同。而挨着 D 点的水里的 C 点，其压强加上上升的那段
水产生的压强，才应该等于 B 点的压强。绕了这么一圈，一个
有趣的结论产生了：D 点的压强比 C 点的要大！

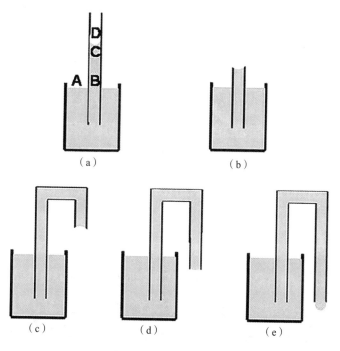

（a）　（b）　（c）　（d）　（e）

图 20　吸水实验示意图

同是与空气挨着的水中的点，为什么 C 点的压强比空气中的小，而 A 点的压强和空气中的一样呢？如果我们仔细看 A 点和 C 点的液面，会发现 A 点的液面是平的，而 C 点的液面是凹的。在前面的"通过山寨荷叶，科学家发明了自我清洁的涂料"一文中讲过，在固体、液体和气体共同存在的地方，液体和气体会去竞争占领固体表面，最后妥协的结果就是形成一个接触角。对干净的玻璃管来说，接触角几乎为 0°，水在竞争中占据绝对优势，会往上爬。但是水自身的重力又拖着它往下跑。因此，靠近管壁的水分子在表面张力的作用下由下往上爬；而远离管壁的水分子被重力拖着往下走，重力和表面张力妥协平衡的结果是在管内形成了一个凹的液面。

除此以外，我们找不到这两个点的液面在其他方面的差异，于是我们可以猜想：当液面往下凹的时候，空气一边的压强是不是会比液体一边的大呢？

最初是一个叫托马斯·杨的聪明人很完善地解释了这个现象，上面的猜想确实是对的。于是，新的问题出现了：C 点和 D 点的压强相差多少？由什么决定呢？托马斯·杨没有从数学角度解决这个问题。多年以后，一个叫拉普拉斯的人运用他深厚的数学功底从数学角度推出了上面的结论，并且给出了一个公式计算凹面两边的压强差。那是一个非常赏心悦目的推导，所用的物理基础只是表面张力的定义和功与能之间可以转换，差不多是初中物理的内容，而所用的数学知识也不超过我们今天的高中数学水平。那个证明只有一幅示意图加半页纸。结论看起来很简单，对一个规则的曲面来说，内外压强差等于表面张力的 2 倍除以曲面的半径，即 $\Delta P=2\gamma/R$。

如果曲面不规则的话，形势就要稍微复杂一点儿。这个公式差不多是界面科学中最重要的公式了。本来托马斯·杨完全有机会独占这个成果，可惜因其数学知识上的缺陷而把机会让给了拉普拉斯。后人把这个公式叫作杨－拉普拉斯公式，甚至直接叫作拉普拉斯公式。

好了，前人栽好了树，我们就来乘凉了，我们来看看那个公式能告诉我们什么。

首先，我们来计算水能够爬多高。因为曲面产生的压强完全用来把水吸到高处，所以那个压强就等于上升的水柱产生的压强。上升水柱产生的压强等于水的密度乘以重力加速度乘以高度，而曲面产生的压强由拉普拉斯公式得出（表面张力的 2 倍除以曲面半径，当玻璃管洗得很干净的时候，曲面半径接近于玻璃管的半径）。除了水柱高度不知道以外，上面提到的数都是已知的。让两个压强相等很容易算出水柱高度。比如，对于一根直径为 1 毫米的管子，水可以爬到 29 毫米左右的高度；如果管子直径只有 0.1 毫米的话，水就可以爬到 290 毫米左右的高度。

其次，我们从公式中可以看到，曲面半径越大，曲面压强就越小，当曲面越来越平，最后变成平面的时候，曲面压强就为零了。再进一步，如果平面变成了凸面，是不是水一侧的压强就会大于空气一侧的呢？答案是肯定的。虽然在生活中不容易直接观察到，但是用仪器可以很轻易地测量出来，而且压强的数值跟用拉普拉斯公式算出来的一样。这个现象可以用水银观察到，如果我们把玻璃管插到水银中，水银在管中的液面就是凸的，相应地，水银不但不能往上爬，反而会往下钻。

总的来说，如果水和空气的界面是凹的，水一侧的压强就比空气中的小；如果水和空气的界面是凸的，水一侧的压强就比空气中的大。曲面产生的压强可以由拉普拉斯公式算出。

有了上面的知识，我们可以来分析毛巾吸水的问题了。从微观结构来说，毛巾是由许许多多的毛细管组成的。这些毛细管粗细不一，互相连接。尽管如此，在吸水的时候遵循的还是毛细管的自然规律。为了简化分析，我们用一根毛细管来代表毛巾，下面是吸水的几种情况：

（1）毛细管很长，水上升不到毛细管口，上升高度由拉普拉斯公式算出，见图20（a）。这种情况下自然能吸水，但是流不出来。

（2）毛细管比拉普拉斯公式算出来的水柱高度要短，

这种情况下，水爬到管口时液面会变得"平坦"，实际的曲面半径要大于毛细管半径，拉普拉斯公式中的半径要用实际半径，因此水爬到管口实现压强平衡，也不会流出来，见图20（b）。

（3）毛细管弯过来，管口高于水平面。这种情况下，管口仍然是凹向水面，实际曲面半径比毛细管半径大，压强平衡的情况跟图20（b）相同，水也不会流出来，见图20（c）。

（4）毛细管弯过来，管口低于水平面一些。这时液面是凸的，只要液面差产生的压强不超过拉普拉斯公式算出的压强，液面就会呈现比毛细管半径大的曲面而实现压强平衡。这种情况下，水也不会流出，见图20（d）。

（5）毛细管弯过来，管口大大低于水平面，用拉普拉斯公式算出的压强小于液面差产生的压强，管口的液面无论如何都无法实现压强平衡，水只能往下滴落，见图20（e）。

在"如果太空里有一团水，会是什么形状"一文中，是从分子运动的角度来分析的。应用拉普拉斯公式和水会从压强高的位置流向压强低的位置的原理（注意：太空里没有重力），可以从宏观上来分析水的流动，也能得出不管水起始于什么状态，最后都会成为球形的结论。

"大鱼"如何吃"小鱼"

前面说过，一种液体在表面活性剂的作用下可以分散到另一种它原本不溶解于其中的液体中。把气体分散到水中，叫作起泡，比如泡泡浴；把油分散到水中，叫作乳化，比如牛奶。

那么，如果水中的这些泡泡或者油滴大小不同，它们之间如何相处？

前文讲过，当空气和水的界面呈现凹面时，空气中的压强大于水中的。油是疏水的，跟空气一样，当油和水形成凹面的时候，油中的压强大于水中的。现在考虑有一大一小两个油滴做了邻居，根据拉普拉斯公式，小油滴与水的界面两边的压强差会比大油滴与水的界面两边的大，也就是说，小油滴中的压强比大油滴中的大。油分子也喜欢无拘无束的生活，小油滴中的油分子觉得压力大，发现附近有自由一点儿的天空，就偷偷地潜入水中，偷渡到大油滴里。于是，小油滴变得更小，大油滴变得更大。小油滴中的油分子承受的压力也就越来越大，而大油滴中的油分子却正好相反，承受的压力越来越小。结果，大油滴越来越大，小油滴越来越小，最后完全消失。只有油滴大到一定尺寸，拉普拉斯效应的影响很小了，才不会被吞并。古语说"两大之间难为小"，强权旁边的弱者早晚是要被吞并的。

在讨论了伽利略那个铁球实验后，我们得出了一个结论：在界面的世界里，伽利略的结论基本上是不适用的。界面世界里盛行的是斯托克斯沉降的原则，个子大的跑得快。现在设想这样的场景：一杯水里有大小不同的油滴，因为油的密度比水小，所以油滴纷纷往上浮。大油滴跑得快，小油滴跑得慢。油滴们没有交通规则，大油滴不停追尾，追了尾也不停下来，直接把小油滴附在身上往前跑。大小油滴亲密接触的结果是表面上合并了，但这种合并毕竟是事故造成的，它们各自还保留着自己的完整性，一旦受到冲击，双方就又会分开。不过，在外人看来，它们毕竟已经合为一体，在它们之间的界面上表面曳力无法入侵，相当于各自所受的曳力都减小了。尽管同床异梦，合在一起还是比各自单独跑的时候速度要快。

这里我们没有根据观察与实验，纯粹是从已经得出的知识推导出"大鱼"吃"小鱼"的方式。如果我们推导出的结论不符合事实，那么要么是我们的推导出了问题，要么是原来的知识出错了。好在人们运用适当的仪器或技术，比如在显微镜下观察，确实观察到了上述现象，这反过来又证明了我们前面所讲的知识是正确的。这种现象叫作"Ostwald ripening"（译作奥斯特瓦尔德熟化）。而且，这种效应对于分散在水中的固体颗粒同样成立，被称为"重力导致的絮结"，是乳液产品中很不招人喜欢的现象。

水立方的灵感来自何处

　　看过国家游泳中心（又称"水立方"）的人对图 21 这两张

照片有没有似曾相识的感觉？

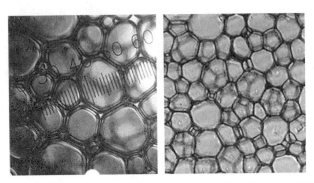

　　图21　显微镜下的泡沫照片，左边是酪蛋白产生的泡沫，右边是剃

　　　　　须膏产生的泡沫

　　再看看水立方的照片（见图 22）。

图22　水立方

没错，水立方的图案就是图 21 中的结构，图 21 左图中的泡泡比较大，含水量高一些，类似于鸡蛋白打出的泡沫；右图是剃须膏产生的泡沫，泡泡小，含水量低一些。大家可以想象，当水里的泡泡比较少时，泡泡是圆的。当泡泡比较多时，就难免互相挤压，所谓"摩肩接踵"大概就是如此。泡沫越"干"，互相挤压得越厉害，剃须膏产生的泡沫就已经被挤压成多面体了。那么，泡沫的含水量低到什么程度，泡沫会开始互相挤压呢？简单来说，我们可以想象很多乒乓球堆在一起，乒乓球的体积相当于泡沫的空气含量。乒乓球体积以外的部分占空间体积的比例就是泡沫开始互相挤压的含水量。进行一番不算太难的立体几何体积计算，可以得出这个含水量大致是 26%，通常低于这个含水量的才被称为泡沫，高于这个含水量的则被称为气液混合物。

图 23 是泡沫的三维结构。大家在洗衣服或者洗泡泡浴的时候，不妨看看产生的泡沫是不是这个样子。19 世纪，比利时有个教授叫作约瑟夫·普拉泰奥，他发明了原始的动画装置，对人类电影的发明做出了奠基性的贡献，后来"比利时的奥斯卡奖"就用他的名字命名——约瑟夫·普拉泰奥奖。他的主业是物理和数学，不过大概他没事干的时候喜欢看肥皂泡，看多了就得出了几点结论：①泡沫中的每个面都是平滑的；②在泡沫中的任意一个面上，不同地方的曲率半径是相同的；

③总是三个面相交在一起，两两呈 120° 角，后来人们把三面相交形成的边界叫作普拉泰奥边；④四条普拉泰奥边的一端相交在一起，另一端的顶点形成一个正四面体结构，任意两条边呈 109.47° 角。当然，这个角度不是看出来的，而是算出来的，他看出来的应该是这个角的余弦是 –1/3。后来这几点结论就成了泡沫研究中的基本定律，被称为普拉泰奥定律，在泡沫研究中的地位类似于惯性定律在牛顿力学中的地位。

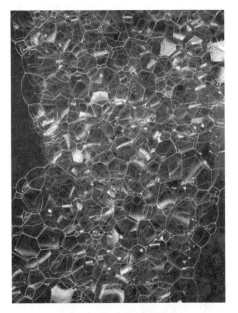

图 23　泡沫的三维结构

19 世纪末，英国著名的数学物理学家开尔文[①] 提出一个问

---

① 　开尔文（Kelvin），绝对温度所用的 K 就是指他，一生科学成就无数。

题：把空间划分成相同体积的小单元，如何划分所需要的界面最小？也就是说，什么样的泡沫结构效率最高？因为自然界总是遵循最有效率的（或者说能量最低的）结构，这个问题实际上就是在问最好的泡沫结构是什么样的。

开尔文自己提出的理想泡沫结构如图24所示，泡沫由相同的十四面体组成，每个泡泡的14个面中有6个正方形和8个正六边形。

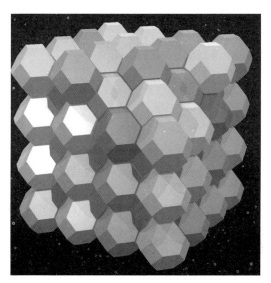

图24 开尔文设计的最佳泡沫结构

随后的100多年，人们普遍认为开尔文的这个结构就是泡沫的最优结构。直到1993年，爱尔兰的丹尼斯·威尔和罗伯特·费伦用计算机模拟泡沫结构，找到了比开尔文模型更好的结构，被称为威尔 – 费伦结构（见图 25）。这个结构由两种相同体积的泡泡组成。一种是正十二面体，每面都是正五边形；另一种是十四面体，其中 2 面是正六边形，12 面是正五边形。

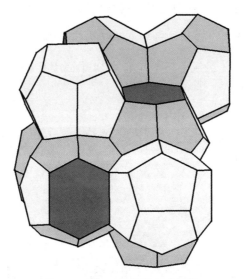

图 25　威尔 – 费伦的泡沫结构

　　这样的一种结构把空间划分成相同体积的小单元，比开尔文结构所需要的界面少 0.3%。就是这 0.3%，花费了人类 100 多年的时间去寻找。而且，现在人们也无法证明这就是最优的泡沫结构，只能说"很有可能"是最优的。从某种程度上说，开尔文问题并没有得到最后的答案。有兴趣的人不妨自己设计一个泡沫结构，看看是不是比这个结构更有效率。

　　水立方的图案就是采取了威尔 – 费伦的泡沫结构。

为什么泡沫都会破灭

有一句歌词叫作"没有不老的红颜"，它其实等同于一个重要的科学原理——"热力学"的结论是不可避免的。虽然女士们都不喜欢这句话（大家都喜欢"青春永驻"之类的词），但是喜好和理想改变不了自然规律，"红颜衰老"是无法改变的事情。不过，"没有不老的红颜"还有另一层面的意思，即"红颜老去"是一个过程，而延缓这一个过程还是有可能做到的。用科学术语来说，这是一个"动力学"的问题。

总而言之，热力学告诉我们事物会往哪个方向变化，会变成什么样；动力学告诉我们这个变化的过程如何发生，什么因素决定发生的速度。对热力学和动力学的认识，是可靠有效地改变事物的基础。否则，想当然的误打误撞永远只能是"经验"，即使有效，也很容易以讹传讹，"为自己的愚蠢买单"。

在界面科学里，所有的泡沫和乳液都是要破的，这是由热力学决定的。但是，人类希望不同的泡沫和乳液有不同的动力学特征。比如，对于牛奶中的油滴，希望它们不分层，而做奶油的时候又希望它们尽快分层；对于卡布奇诺中的泡沫和咖啡伴侣中的乳液，希望它们白而稳定；对于蛋糕中的泡沫和火腿肠中的脂肪粒，希望它们能够在加热过程中不破，冷下来之后固化；对于冰激凌，则希望里面的泡沫细腻，而乳液有一定的稳定性，又不能太稳定。只有充分理解了这些泡沫和乳液产生及破灭过程的动力学机理，才可以找到省事而有效的方法来实现人们的希望。

人们有时候希望延缓泡沫的破灭，最典型的是卡布奇诺上的泡沫；有时候希望加速泡沫的破灭，比如煮豆浆的时候产生的泡沫。要让泡沫按照人们的希望生存或者灭亡，不能依靠美好的愿望或者臆想，而需要按照泡沫破灭的机理"对症下药"。

当两个泡泡靠在一起，互相挤压时，谁也不会占到便宜，最后是在中间形成一层水膜。如果三个泡泡挤到一起呢，三者交界的地方会形成一条边，即普拉泰奥边。实际的泡沫是大量泡泡挤在一起，最后没有一个泡泡还能够保持原样，全都被挤压成了多面体，而任意三个凑在一起的多面体都会形成普拉泰奥边。

现在我们来仔细看看普拉泰奥边的横截面，放大之后就是图 26 中的样子。黑色部分是三个泡泡交界的地方，斜线部分是两个泡泡所形成的水膜，圆弧内的白色部分是泡泡中的空气。黑色部分和斜线部分实际上是连在一起的，只是斜线部分的表面是平的而黑色部分的表面是弧形。根据前面有一篇提到的拉普拉斯公式，在斜线部分，空气中的压强和水膜中是一样的。在黑色部分，表面是凹向水中的，因此水中的压强小于空气中的。而同一个泡泡中各个地方的压强是相同的（不然就起风了），所以这种形状使得斜线部分的压强大于黑色部分的，水膜中的液体不停地流到普拉泰奥边里，水膜也就越来越薄。薄到一定地步，水膜就破灭了。只要一面水膜破了，这个泡泡也就破了。

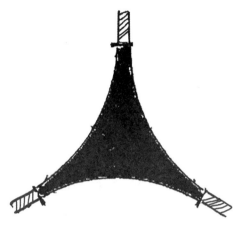

图 26　普拉泰奥边的横截面

实际上，泡沫中都有表面活性剂的存在。表面活性剂待在水膜的表面上，它们深知"皮之不存，毛将焉附"的道理，拼命抵制水膜中的水流失。从物理的角度来说，两个表面上的表面活性剂互相排斥，相当于减小了水膜中的压强，从而实现了水膜中的压强和普拉泰奥边中的压强的平衡。水膜不再进一步变薄，算是暂时避免了"膜将不膜"。

有人曾计算过水膜的体积和普拉泰奥边的体积，发现一般泡沫中前者的体积不超过总体积的百分之几。也就是说，泡沫中的水大部分都集中到了普拉泰奥边中。按照普拉泰奥总结出来的定律，四条普拉泰奥边会凑在一起形成一个节点，所有的普拉泰奥边都通过这样的节点互相连接，从而形成了一个互相连接的网络。网络中的水在重力的作用下往下流，这就是为什么所有的泡沫都是上面变得越来越干，而下面的水越积越多。这个过程就叫作泡沫的脱水。

再回到暂时逃过了灭顶之灾的水膜。在表面活性剂的作用下，水膜暂时逃过了灭顶之灾。要让表面上的分子老老实实待着也不现实，总有些分子到处乱晃，结果就是水膜表面起起伏伏（俗话说无风不起浪，自然界总有各种扰动，"浪"总还是会起的）。水膜的两个表面毕竟离得不远，两个表面都起起伏伏，起伏的方向总不可能是同一个方向的，只要有一个地方起伏得"针锋相对"，两边的空气就实现会师，这个水膜也就破了。

冰激凌为什么那么好吃

人类用冰来"镇"食物的尝试从公元前就开始了，世界各地也早就有了类似冰激凌的东西。不过，真正意义上的冰激凌直到 18 世纪才出现。在英语里，"冰激凌"（icecream）是由

"冰"（ice）和"奶油"（cream）两个单词组成的。最早的冰激凌确实就是冰镇的奶油，里面也可能有一些糖或者水果。经过了两三百年的发展，冰激凌变得越来越复杂、越来越多样。不过，对于冰激凌为什么能成为冰激凌，直到最近几十年人们才有了比较深入的认识。这里，让我们一头扎进冰激凌的内部，看看里面是一个什么样的世界吧。

冰激凌内部什么样

　　走进冰激凌的世界，首先看到的是四处飘散的气泡，就像一个个气球，占据了一半以上的空间。这些气泡大小不一，大的能到一百微米，小的也有一二十微米。在气泡之间充斥着连续的固体成分，其中最引人注目的是一个个晶莹剔透的冰粒，这些冰粒差不多能占到固体成分的一半。它们的大小和气泡差不多，支撑着气泡互相远离，比较均匀地分散在整个空间里。

　　剩下的就是很黏的半固体状的介质了，它们填充了气泡和冰粒之间的所有空隙。挑一点儿尝尝，甜甜的，还有其他的香味，看来冰激凌的味道就来自这些半固体状的东西了。没错，它们主要是糖、高分子聚合物和蛋白质，我们喜欢的香草、草莓等香精也在其中。

　　如果我们看得仔细一点儿，还可以看到这些介质之中有许多小球。它们一个接一个地挤在一起，接壤的地方互相融合了，而其他地方还保持着自己的独立性，就像糖葫芦。不过在某个小球上可能又连出一串，到某个地方可能又和别的串接上了。这样，这些小球就串成了一个巨大的网络。这个网络比冰粒更加有效地支撑起了气泡，也使得半固体状的介质难以自由迁徙，从而使整个冰激凌的世界安定下来（见图 27）。

冰激凌如何形成

冰激凌这种神奇的结构是如何形成的呢？我们先来看看冰激凌的制作过程，再来分析为什么会形成这样的结构。

冰激凌最重要的原料是奶油，美国对于冰激凌的产品制作规定是含有 10% 以上的奶油脂肪，好的冰激凌可能高达 16%，还要有 10% 来自牛奶的非脂肪成分，主要是蛋白质和乳糖。其他的主要成分还有 10% 左右的糖和 5% 左右的糖浆，最后会成为冰激凌中的半固体介质，产生细腻的质感。通常还会有少量的乳化剂来改善脂肪颗粒及最后的质感。

冰激凌制作的第一步是把这些原料混在一起，加热灭菌，也可以说是把这些原料煮熟。然后对其进行高压均质化处理，奶油中的颗粒很大，高压均质化的目的是把这些颗粒"打碎"。经过这一步，脂肪颗粒的大小从几微米减小到了零点几微米，

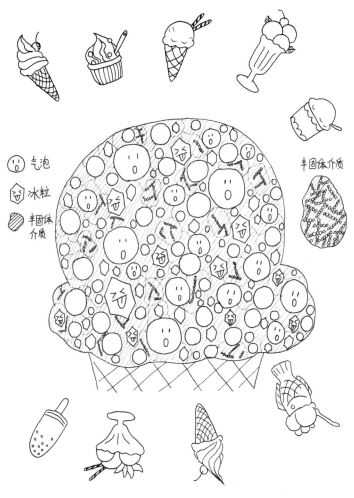

气泡

冰粒

半固体介质

半固体介质

图 27　冰激凌的世界

相应的脂肪和水的界面增加了 10 倍左右。因为蛋白质喜欢待在脂肪和水之间的界面上，所以脂肪和蛋白质的存在状态都更加均匀，有利于产生细腻的质感。经过均质化的原料实质上是一种很黏的乳液。

第二步是放在冰箱中降温几个小时，在这几个小时里也给了其中的各种成分交流感情的机会。比如，乳化剂比蛋白质更加喜欢脂肪和水之间的界面。或许是蛋白质发扬风格，让出了一部分界面；或许是乳化剂巧取豪夺，把一部分蛋白质赶出了界面。总之，在冰箱里休息了几个小时的原料混合状态已经悄悄发生变化，脂肪颗粒的表面悄无声息地被乳化剂占领了许多。

第三步就是制作冰激凌了。在冰箱里休息够了的原料混合物被加入一些香精、色素等，然后送入冰激凌机。冰激凌机的核心部件是一个温度很低的表面，通常温度在零下二三十摄氏度，原料混合物被慢慢搅拌着，冷却表面上的原料很快被冻上了，然后被搅到中间。就这样，不停地有原料被搅到界面上又被搅走，整个体系的温度逐渐降低，也变得越来越硬。同时，大量的空气被搅进去，被蛋白质、乳化剂及形成的脂肪网络和冰粒固定下来。这样，冰激凌就做成了。商业生产的冰激凌还要放在低温下进一步硬化，然后再分销。

冰粒是好是坏

　　冰激凌的第一字是"冰"字，冰当然在其中起到重要作用。前面说了冰粒可以起到稳定冰激凌体系的作用，但是太大的冰粒又会影响口感。有科学家做出了含有不同大小冰粒的冰激凌，请大家品尝，发现只要冰粒大到几十微米，就能被很多人感觉到，也就觉得这冰激凌不好吃了。因此，控制冰粒的大小是制作冰激凌的关键。

　　从冰激凌的原料组成来说，提高固体成分的含量，不管是脂肪、蛋白质还是糖、糖浆，都有助于缩小冰粒。这也很容易理解，固体成分多了，水就少了，自然就不利于形成大的冰粒。不过，固体含量的增加不可避免地将导致成本的提高，也更容易让人发胖，以这种方式提高冰激凌质量对于人们，尤其是生产厂家没有什么吸引力。

　　科学家们的兴趣在于在不改变原料组成的前提下缩小冰粒。经过大量的实验，他们最终发现冰粒的大小主要取决于生产过程中产生的冰核的多少。如果冰核多，最后的冰粒就多而小；如果冰核少，最后的冰粒就少而大。而产生多少冰核，主要取决于冰激凌机里的温度和搅拌方式。对某个特定的冰激凌配方来说，会有一个特定温度最容易产生冰核。而搅拌器的设计和操作也会影响冰核的形成。比如，增加搅拌桨的叶片数和加快搅拌速度都能增加冰核的数量，但是叶片数太多和搅拌速度太快又会导致摩擦产生的热量增加，不利于降温。在冰激凌的发展史中，绝大多数时候人们只能通过反复的实践和经验来摸索最佳条件。近几十年人们对于冰激凌的认识逐渐深入之后，才能有的放矢地设计实验，从而使得寻找最佳工具和操作条件的工作事半功倍。

脂肪颗粒的锤炼

脂肪颗粒的变化在冰激凌中非常的特别。脂肪颗粒在水中被称为乳液，对于绝大多数的乳液产品，人们都希望其中的脂肪颗粒稳定存在。如果牛奶很快分层，甚至有油析出了，肯定就会被大家当作劣质产品。如果咖啡伴侣加入咖啡后就出现了一层油，肯定也卖不出去。这些分层和油析出的现象，都是乳液不稳定的结果。想要制作一个冰激凌，却要人为地让乳液失去稳定性。

前文说过，我们希望脂肪颗粒变小以产生细腻的质感。当脂肪颗粒变小的时候，产生了大量新的表面，蛋白质和乳化剂都会去占据这些表面。蛋白质个头大，力量足，到了脂肪表面还能联手，因此产生的脂肪颗粒非常稳定。而乳化剂是小分子，机动灵活，每个犄角旮旯都能去，因此削弱表面张力的能力很强，占据地盘的能力也很强。不过，它们力量比较弱小，对外来冲击的抵抗力比较弱，产生的脂肪颗粒不稳定。

如果冰激凌里的脂肪颗粒很稳定的话，就会各自为政，互不理睬，很难形成前文所说的网络结构。当经过均质化的原料混合物在冰箱里休息时，大量的乳化剂小分子占据了脂肪表面，强大的蛋白质被挤走了，脂肪分子自我保护的能力就大大减弱。当这些脂肪颗粒进入冰激凌机被搅拌的时候，脂肪颗粒们难免磕磕碰碰。外力实在太大，两个颗粒碰到一起的部分严重变形，以至界面消失，从而融合在了一起。但是因为温度降低，脂肪同时固化，所以两个碰撞的颗粒只是部分融合。一个又一个的碰撞及部分融合的发生，就产生了最后那种互相连接的糖葫芦结构。

结语

不难看出，冰激凌的特有结构是经均质化、冰箱储存、降温搅拌形成的。如果冰激凌已经融化了，那么首先冰粒就化成了水，而那些部分融合的脂肪颗粒也融合成了大颗粒。整个体系恢复到了均质化之前的状态，仅仅放回冰箱无法恢复冰激凌的结构。

最初的冰激凌是家庭小作坊生产的，那时的冰激凌无法跟现代工业的产品相比。尽管我们仍然可以在厨房里模拟冰激凌的整个生产过程，但是由于均质化和降温搅拌装置过于简陋，基本上无法做出商品冰激凌的质感。